Über Zusammenhänge zwischen dem Nierenindex und dem histologischen Bau der Haut bei Amphibien

Von

Gertrud Steinbach

Mit 4 Textabbildungen

Sonderabdruck aus
Zeitschrift für Zellforschung und mikroskopische Anatomie
Fortsetzung des Schultze-Waldeyer-Hertwigschen Archiv für Mikroskopische Anatomie und der Zeitschrift für Zellen- und Gewebelehre
(Abt. B der Zeitschrift für wissenschaftliche Biologie)
4. Band, 3. Heft
Abgeschlossen am 28. Dezember 1926

Springer-Verlag Berlin Heidelberg GmbH 1926

Die Zeitschrift für Zellforschung und mikroskopische Anatomie

steht Originalarbeiten aus dem Gesamtgebiet der beschreibenden und experimentellen Zellen- und Gewebelehre sowie der Mikroskopischen Anatomie der Menschen und der Tiere offen.

Die Zeitschrift erscheint zur Ermöglichung raschester Veröffentlichung zwanglos, in einzeln berechneten Heften; mit etwa 50 Bogen wird ein Band abgeschlossen.

Der für diese Zeitschrift berechnete Preis des Heftes gilt nur zur Zeit des Erscheinens.

Das Honorar beträgt M. 40,— für den 16 seitigen Druckbogen.

Die Mitarbeiter erhalten von ihren Arbeiten, wenn sie nicht mehr als 24 Druckseiten Umfang haben, **100 Sonderabdrücke**, von größeren Arbeiten **60 Sonderabdrücke** unentgeltlich. Doch bittet die Verlagsbuchhandlung, nur die zur tatsächlichen Verwendung benötigten Exemplare zu bestellen. Über die Freiexemplarzahl hinaus bestellte Exemplare werden berechnet. Die Mitarbeiter werden jedoch in ihrem eigenen Interesse ersucht, die Kosten vorher vom Verlage zu erfragen.

Es ist dringend erwünscht, daß alle Manuskripte in deutlich lesbarer Schrift, am besten Schreibmaschinenschrift (mit mindestens 3 cm breitem freien Rand) eingeliefert werden. Die Manuskripte müssen wirklich druckfertig eingeliefert werden; bei der Korrektur sollen im allgemeinen nur Druckfehler verbessert und höchstens einzelne Worte verändert werden.

Die Herren Autoren werden ferner gebeten, den Text ihrer Arbeiten so kurz zu fassen wie es irgend möglich ist, sich in den Abbildungen auf das wirklich Notwendige zu beschränken und nach Möglichkeit Federzeichnungen (für Strichätzung) zu verwenden.

Alle Manuskripte und Anfragen sind zu richten an
Professor Dr. R. Goldschmidt, Berlin-Dahlem, Kaiser Wilhelm-Institut für Biologie
oder an
Professor Dr. W. von Möllendorff, Kiel, Anatomisches Institut, Hegewischstraße 1

Die Herausgeber
Goldschmidt   von Möllendorff

Verlagsbuchhandlung Julius Springer in Berlin W 9, Linkstr. 23/24

Fernsprecher: Amt Kurfürst, 6050—6053. Drahtanschrift: Springerbuch-Berlin
Reichsbank-Giro-Konto u. Deutsche Bank, Berlin, Dep.-Kasse C
Postscheck-Konten: { für Bezug von Zeitschriften und einzelnen Heften: Berlin Nr. 20120 Julius Springer, Bezugsabteilung für Zeitschriften
für Anzeigen, Beilagen und Bücherbezug: Berlin Nr. 118935 Julius Springer.

---

4. Band.   Inhaltsverzeichnis.   3. Heft.
Seite

Portmann, Adolf, Studien über Dedifferenzierung bei der Seeanemone Aiptasia carnea Andr. Mit 14 Textabbildungen 313

Delaunay, L. N., Phylogenetische Chromosomenverkürzung. Mit 16 Textabbildungen 338

Studnička, F. K., Noch einmal die Cytodesmen, das Mesostroma und die Grundsubstanz. Mit 10 Textabbildungen 365

Steinbach, Gertrud, Über Zusammenhänge zwischen dem Nierenindex und dem histologischen Bau der Haut bei Amphibien. Mit 4 Textabbildungen 382

Alexenko, B., Plasmatische Bildungen bei der Spermatogenese der Paludina vivipara. Mit 65 Abbildungen auf Tafel VIII 413

Werner, Clemens Fritz, Die Cupula im Labyrinth der Fische. Studien über ihre Struktur und Veränderung bei verschiedener Fixation. Mit 4 Textabbildungen 459

Kihara, H. und **Ono, T.,** Chromosomenzahlen und systematische Gruppierung der Rumex-Arten. Mit 16 Textabbildungen 475

Kann, Susanne, Die Histologie der Fischhaut von biologischen Gesichtspunkten betrachtet. Mit 25 Textabbildungen 482

ISBN 978-3-662-39134-1   ISBN 978-3-662-40117-0 (eBook)
DOI 10.1007/978-3-662-40117-0

(Aus dem Anatomischen Institut zu Kiel, Direktor: Prof. Dr. W. v. Möllendorff.)

ÜBER ZUSAMMENHÄNGE ZWISCHEN DEM NIERENINDEX UND DEM HISTOLOGISCHEN BAU DER HAUT BEI AMPHIBIEN.

Von

GERTRUD STEINBACH.

Mit 4 Textabbildungen.

(Eingegangen am 15. Juli 1926.)

Im Laufe seiner Untersuchungen über Bau und Histophysiologie der Niere kam VON MÖLLENDORFF (1922) zu der Überzeugung, daß zwischen der Umfangfläche des Hauptstückes der Harnkanälchen und derjenigen des Glomerulus ein für jede Tierart spezifisches Verhältnis bestünde. Er konnte zeigen, daß bei einigen Vogel- und Säugernieren tatsächlich solche Zahlenbeziehungen feststellbar sind und errechnete für die Maus einen Index von 22,3, für den Hausspatz 22,5, den Stieglitz 25,1 usw. Er veranlaßte im Sommer 1922 O. KRAYER (Freiburg), diese Verhältnisse an einheimischen Amphibien genauer zu untersuchen. Aus äußeren Gründen konnte KRAYER die Arbeit nicht vollenden. Mit Benutzung der sehr genauen KRAYERschen Messungen habe ich im Sommer 1925 die Untersuchungen fortgesetzt. Gleichzeitig gesellten sich zur obigen Fragestellung noch Untersuchungen der Haut, da für die Unterschiede die Indizes bei den einzelnen Amphibienarten, die sich schon aus den KRAYERschen Untersuchungen ergaben, ein Unterschied im Wasserhaushalt als wahrscheinlich gelten konnte. Die Haut muß aber als eines der wichtigsten Organe des Wasserhaushaltes bei Amphibien angesehen werden (V. BAUER, A. v. WOLKENSTEIN, W. STIRLING u. a.).

Material und Methodik.

Unsere Untersuchungen erstrecken sich auf: *Rana esculenta*, *Hyla arborea*, *Bombinator igneus*, *Bufo vulgaris*, *Salamandra maculosa* und *Triton cristatus*. Zur Technik ist folgendes zu sagen: Zur Vorbereitung für die Isolation der Nierenkanälchen wurden die Tiere gewogen und zweimal im Abstand von 2—3 Tagen mit einer 1proz. Trypanblaulösung subkutan injiziert (0,5 ccm auf 20 g Körpergewicht), um die Hauptstücke der Kanälchen für die spätere Isolation besser kenntlich zu machen. 1—2 Tage später wurden sie mit Äther oder Chloroform getötet, die Nieren herauspräpariert und je eine davon in Susa (M. HEIDENHAIN) fixiert. Die andere isolierten wir in reiner konzentrierter Salzsäure. Die Isolationsdauer ist je nach der Tierart verschieden, 1—8 Stunden. Die isolierten Kanälchen wurden mittels einer Pipette auf Objektträger übertragen und in Glyzeringelatine eingebettet. An den mit dem ABBÉschen Zeichenapparat gezeichneten Kanälchen maßen wir die Länge der Hauptstücke, den Längs- und Querdurchmesser der Glomeruli, den Querdurchmesser der Hauptstücke und mittels der Mikrometerschraube noch den Tiefendurchmesser von Glomeruli und Hauptstücken. Aus den verschiedenen Durchmessern wurde das Mittel und mit dessen Hilfe die Oberfläche berechnet, wobei wir diejenige der Glomeruli als Kugel-, die der Hauptstücke als Zylinderflächen betrachteten. Es war uns dabei bewußt, daß die Glomeruli keine geometrisch definierte Kugeloberfläche besitzen. Aber die Unterschiede, die sich ergeben, wenn man sie als Rotationsellipsoide u. dgl. berechnet, wie KRAYER versuchte, sind so geringfügig, daß man die Fehler, die dadurch entstehen, ruhig vernachlässigen kann. Schwerer wiegen die Fehler, die mit der Lappung der Glomeruli zusammenhängen. Diese ist am stärksten bei *Triton*, weniger ausgeprägt bei *Hyla, Salamandra, Rana* und *Bufo* und fehlt fast gänzlich bei *Bombinator*. Die Berücksichtigung dieser Umstände würde die Resultate, wie unten dargestellt, noch deutlicher herausheben. Der Index — d. h. das Verhältnis von Hauptstückoberfläche zu Glomerulusoberfläche — oder von Resorptions- zu Sekretionsfläche — ergibt sich

dann aus $\dfrac{\text{Oberfläche des Hauptstückes}}{\text{Oberfläche des Glomerulus}} = \dfrac{2\pi r l}{4 R^2 \pi} = \dfrac{2 r l}{4 R^2}.$

Messungen an Nieren.

Wir unterscheiden mit GAUPP 5 Abschnitte der Harnkanälchen, dazu die MALPIGHIschen Körperchen und Sammelröhren. Die Meßwerte früherer Autoren haben für unsere Zwecke keine unmittelbare Bedeutung, weil Angaben, die sich auf die einzelnen Abschnitte des gleichen Kanälchens beziehen, nicht gemacht wurden.

An die MALPIGHIschen Körperchen schließt sich der Halsteil (erster Abschnitt). Er ist bei den verschiedenen Tierarten länger oder kürzer, aber stets sehr dünn.

Der zweite Abschnitt, das Hauptstück, ist lang, weit und gewunden. Er tritt bei vorhergegangener Vitalfärbung sehr deutlich hervor, da nur in ihm Farbstoff gespeichert wird.

Der dritte Abschnitt ist meist kurz und viel enger als der zweite.

Der vierte Abschnitt erscheint wieder lang, weit und gewunden.

Der fünfte Abschnitt endlich leitet in die Sammelröhren über.

Die Ergebnisse unserer Messungen sind folgende:

Tabelle 1.

Länge des Hauptstückes in μ (Hl)	Mittlerer Durchmesser des Hauptstückes in μ (mdH.)	Mittlerer Durchmesser des Glomerulus in μ (mdGl)	Index
I. Bufo vulgaris. Körpergewicht: 29,63 g.			
1665	36	70	12,1
2282	27	72	11,8
2323	32	105	6,7
1377	29	67	9,1
3235	49	112	12,6
im Mittel 2176 μ	35 μ	85 μ	10,6
II. Rana esculenta. Körpergewicht 29,5 g.			
1247	44	88	6,8
1247	44	79	8,7
1382	31	71	8,0
1488	30	55	14,7
1106	32	51	13,7
1924	34	89	8,2
1353	25	66	9,3
im Mittel 1394 μ	34 μ	71 μ	9,9
Rana esculenta. Körpergewicht 24,45 g.			
1871	45	92	9,8
2141	47	95	11,15
2105	45	100	9,73
im Mittel 2059 μ	45 μ	96 μ	10,23
III. Salamandra maculosa. Körpergewicht 14,6 g.			
1374	53	108	6,1
3441	58	160	7,7
2067	55	114	9,4
im Mittel 2294 μ	55 μ	127 μ	7,7
IV. Hyla arborea. Körpergewicht 4,41 g.			
2724	43	123	7,8
1324	56	100	7,4
1180	29	64	8,4
1390	31	79	6,9
im Mittel 1654 μ	40 μ	91 μ	7,6
V. Bombinator igneus. Körpergewicht 0,85 g (unausgewachsenes Tier).			
706	31	93	2,5
212	23	57	1,5
265	25	64	1,6
694	34	64	4,5
im Mittel 469 μ	28 μ	70 μ	2,5

Leider gelang es mir nicht, auch von *Triton* Kanälchen zu isolieren. Diese sind infolge der sehr langen dünnen Halsabschnitte, die die Glomeruli mit den Hauptstücken verbinden, äußerst schwer vollständig zu erhalten, doch konnte man aus der Größe der Glomeruli und der Kürze der Hauptstücke schließen, daß der Index klein ausfallen würde, was die KRAYERschen Messungen denn auch bestätigen.

Zur Ergänzung unserer eigenen lassen wir die Ergebnisse der KRAYERschen Untersuchungen folgen:

I. *Bufo vulgaris:*
  Körpergewicht 81,84 g,
   mittlere Länge des Hauptstückes: 3,4 mm (Schwankung von 2,05—4,6),
   mittlerer Durchmesser des Hauptstückes: 57,5 μ (Schwankung von 43,7—71,5),
   mittlerer Durchmesser des Glomerulus: 121,1 μ (Schwankung von 90,6—168),
   mittlerer Index: 13,2 (Schwankung von 10,7—15,7).
  Die Werte sind die Ergebnisse von 14 Messungen.

Bufo vulgaris:
  Körpergewicht 60,32 g,
   mittlere Länge des Hauptstückes: 3,03 mm (Schwankung von 1,95—4,46),
   mittlerer Durchmesser des Hauptstückes: 54,2 μ (Schwankung von 43,3—66),
   mittlerer Durchmesser des Glomerulus: 111,5 μ (Schwankung von 87,3—143),
   mittlerer Index: 13,1 (Schwankung von 10,8—15,7).
  Die Werte ergaben sich aus 16 Messungen.

II. *Rana esculenta:*
  Körpergewicht 27,61 g,
   mittlere Länge des Hauptstückes: 4,05 mm (Schwankung von 3,65—4,87),
   mittlerer Durchmesser des Hauptstückes: 48,5 μ (Schwankung von 43,3—53,5),
   mittlerer Durchmesser des Glomerulus: 94,3 μ (Schwankung von 80,6—107),
   mittlerer Index: 21,5 (Schwankung von 19,7—25,4).
  Die Zahlen ergaben sich aus 13 Messungen.

III. *Salamandra maculosa:*
  Körpergewicht 18,33 g,
   mittlere Länge des Hauptstückes: 4,16 mm (Schwankung von 2,77—6,27),

mittlerer Durchmesser des Hauptstückes: 76,4 μ (Schwankung von 56,2—98,4),

mittlerer Durchmesser des Glomerulus: 217,2 μ (Schwankung von 138,6—297,5),

mittlerer Index: 7,04 (Schwankung von 5,7—8,1).

Die Werte sind die Ergebnisse von 4 Messungen.

IV. *Bombinator pachypus:*

Körpergewicht 5,405 g,

mittlere Länge des Hauptstückes: 1,26 mm (Schwankung von 0,82—1,6),

mittlerer Durchmesser des Hauptstückes: 46,8 μ (Schwankung von 40,5—60,5),

mittlerer Durchmesser des Glomerulus: 86,6 μ (Schwankung von 70,0—103,3),

mittlerer Index: 7,86 (Schwankung von 6,7—10,0).

Die Werte ergaben sich aus 6 Messungen.

V. *Triton alpestris:*

Körpergewicht 1,38 g,

mittlere Länge des Hauptstückes: 2,45 mm (Schwankung von 1,4—4,3),

mittlerer Durchmesser des Hauptstückes: 69,2 μ (Schwankung von 55,2—92,2),

mittlerer Durchmesser des Glomerulus: 165,6 μ (Schwankung von 123,3—231,6),

mittlerer Index: 6,3 (Schwankung von 4,7—8,5).

Zahl der Messungen: 14.

Die in Susa fixierten Nieren wurden in Zelloidinparaffin eingebettet, in Serienschnitte von 10 μ zerlegt und mit Alaunkarmin, Hämatoxylin-Eosin und nach van Gieson (Mod. Hansen) gefärbt. In den Serienschnitten bestimmten wir annäherungsweise die Zahl der Glomeruli und erhielten dabei folgende Werte:

Bufo vulgaris: 2500 Glomeruli,
Rana esculenta: 2220 Glomeruli,
Salamandra maculosa: 800 Glomeruli,
Hyla arborea: 920 Glomeruli,
Bombinator igneus: 300 Glomeruli.

Aus diesen Messungen ergaben sich folgende interessante Beziehungen:

Tabelle 2.

	Bufo	Rana	Salamandra	Hyla	Bombinator
Körpergewicht in g ...	29,63	24,45	14,6	4,41	0,8
Mittlere Länge des Hauptstückes in μ	2176	2059	2294	1654	469
Mittlerer Durchmesser des Glomerulus in μ ...	85	96	127	91	70
Mittlerer Durchmesser des Hauptstückes in μ ..	35	45	55	40	28
Index	10,6	10,23	7,73	7,6	2,5
Zahl der Glomeruli beider Nieren	2500	2220	800	920	300
Gesamtoberfläche der Glomeruli beider Nieren in mm^2	56,7	63,87	40,71	24,1	4,54
Glomerulusoberfläche pro g Körpergewicht in mm^2	1,9	2,6	2,7	5,5	4,7
Gesamtoberfläche der Hauptstücke beider Nieren in mm^2	595	645	319	189	12,5
Hauptstückoberfläche pro g Körpergewicht in mm^2	19,5	26,3	21,9	43	15,6

Allgemein läßt sich zu den Ergebnissen der Messungen folgendes sagen: Die Beziehungen zwischen Glomerulusoberfläche und Hauptstückoberfläche sind, wie besonders aus den Versuchen hervorgeht, wo von demselben Tier eine größere Anzahl von Systemen gemessen werden konnte, für das einzelne Tier relativ konstant; jedenfalls kann gesagt werden, daß die Werte um einen Mittelwert schwanken, der für die verschiedenen untersuchten Tiere an verschiedener Stelle liegt. Wir können aber unseren Ergebnissen keine Bedeutung in dem Sinne zusprechen, daß wir eine für die Arten geltende Konstante gemessen haben. Hier bestehen noch Unterschiede zwischen Tieren verschiedener Herkunft, die dringend weitere Untersuchungen verlangen.

Was zunächst die innerhalb des gleichen Tieres gefundenen Schwankungen anlangt, so ist einmal denkbar, daß bei nicht voll ausgewachsenen Tieren hier noch schwankende Verhältnisse bestehen. So ist es z. B. bekannt, daß während der Wachstumsperiode auch in der Säugerniere noch keine so fest geregelten Beziehungen vorhanden sind, wie bei der erwachsenen Niere, weil hier bei Isolationen neben fertiggestellten Nephronen alle Jugendstadien angetroffen werden. Wir sind allerdings auch an diesem Material bisher nur auf Schätzungen angewiesen. Ich erinnere auch an das Bestehen von sogenannten Zwergkanälchen bei Reptiliennieren (siehe B. ZARNIK, 1910), die hier ebenfalls ganz andere Maßverhältnisse aufweisen als die Hauptmasse der Kanälchen. Je größer die Zahl der für eine Niere gemessenen Indices war, um so klarer ergab sich der Mittelwert.

Worauf die erheblichen Unterschiede in den Werten für *Rana esculenta*, die KRAYER und ich bestimmt haben, zurückzuführen sind, vermag ich nicht aufzuklären. Technische Fehler sind dank sorgfältiger Nachprüfung der Ergebnisse auszuschließen. Nur fehlt es auch hier an der genügenden Zahl von Beobachtungen. Systematische Untersuchungen unter Berücksichtigung des Standortes, des Alters und Geschlechtes der Frösche versprechen hier eine Klärung. Wie aus den Tabellen hervorgeht, sind es vorzugsweise die Kanälchenlängen, die bei den KRAYERschen Fröschen im Durchschnitt fast dreieinhalb mal so lang waren wie bei unseren. Auch die Durchmesser der Hauptstücke übertrafen die unsrigen im Durchschnitt um fast die Hälfte, während die mittleren Glomerulusdurchmesser bei unseren Fröschen nur um ein Drittel hinter denjenigen in KRAYERS Untersuchungen zurückstehen. Da die Glomeruluszahlen und das Körpergewicht in unseren und KRAYERS Fällen annähernd gleich waren, ergibt sich also eine gewaltige Vergrößerung der Hauptstückoberfläche als Begleiterscheinung der Differenz in den Indices bei den KRAYERschen Exemplaren von *Rana esculenta*. In neuerdings ausgeführten Kontrollmessungen an Esculenten, die aus einer neuen Quelle bezogen waren, fanden wir Indices, die um 17 μ schwankten.

Die Differenz in den Ergebnissen bei *Bufo* und *Salamandra* ist nicht erheblich. Dagegen muß bezüglich *Bombinator* hervorgehoben werden, daß KRAYER *pachypus*, wir dagegen *igneus* untersucht haben. Ferner sind unsere Exemplare außerordentlich klein gewesen, so daß sie sicher als junge Tiere zu betrachten sind, die die Metamorphose erst kurz überstanden hatten. Sicherlich ist der Wert von 5,7, der dem KRAYERschen Werte am nächsten kommt, einem reifen Kanälchen zugehörig. Vergleicht man in diesem Sinne die Indices, so kommt man zu dem interessanten Ergebnis, daß diese jungen Tiere im Verhältnis zu ihrer Glomerulusoberfläche eine noch sehr geringe Hauptstückoberfläche besitzen, wie dies auch für embryonale Säugetiernieren gilt. Auch in diesem Sinne wäre eine weitere Erforschung der interessanten Verhältnisse durchaus erwünscht. Auch die Glomeruluszahl von 300 gegenüber der von KRAYER gefundenen von 1000 findet in der Jugendlichkeit unserer Tiere leicht ihre Erklärung.

Berücksichtigt man mit den oben erwähnten Einschränkungen zunächst die absolut gemessenen Zahlen, so finden wir bezüglich der Glomerulusgröße folgende Reihenfolge:

und dem histologischen Bau der Haut bei Amphibien.

Tabelle 3.

Tier	Körpergewicht g	Glomerulusdurchmesser (Mittel) μ
Salamandra maculosa.......	14,6	127
„ „ Krayer	18,3	217
Triton alpestris, Krayer ...	1,38	166
Bufo vulgaris	29,6	85
„ „ Krayer....	81,8	121
„ „ Krayer....	60	111
Rana esculenta.........	24,45	96
„ „ Krayer ...	27,61	94
Hyla arborea	4,41	91
Bombinator pachypus.....	5,4	86,6
Bombinator igneus juv.....	0,85	70

Berücksichtigt man das Körpergewicht, so zeigt sich innerhalb der gleichen Art (*Bufo*) deutlich, daß die durchschnittliche Glomerulusgröße mit der Körpergröße wächst. Die Unterschiede bei den beiden Exemplaren von *Salamandra* können nicht so sehr ins Gewicht fallen, da sie das Mittel von nur je vier Messungen darstellen (der sehr lange und dünne Halsabschnitt dieser Kanälchen reißt in den meisten Fällen beim Isolieren durch, so daß es nur selten gelingt, Kanälchen mit samt ihrem Glomerulus in voller Länge zu isolieren). Dagegen muß hervorgehoben werden, daß die Glomerulusgröße bei *Hyla* im Verhältnis zum Körpergewicht bedeutend ist, besonders wenn man bedenkt, daß die großen Anuren (*Rana*, *Bufo*) kaum größere Glomeruli besitzen. Hingewiesen sei auch auf die im Vergleich zum Körpergewicht riesigen Glomeruli von *Triton*.

Sehr beträchtlich schwankt nur die *Zahl der Glomeruli* in beiden Nieren nach der Tierart, und es war klar, daß eine Beurteilung der

Tabelle 4.

Tierart	Körpergewicht g	Zahl der Glomeruli in beiden Nieren
Bufo vulgaris Krayer....	81,8	2800
„ „ Steinbach...	29,6	2500
Rana esculenta Krayer ...	27,6	1400
„ „ Steinbach ..	24,45	2220
Bombinator pachypus Krayer.	5,4	1000
Hyla arborea Steinbach ...	4,41	920
Salamandra maculosa Krayer	18,33	900
„ „ Steinbach	14,6	800
Triton alpestris Krayer ...	1,38	360
Bomb. igneus juv. Steinbach.	0,85	300

Messungen und eine Auswertung für die Frage des Wasserhaushaltes erst denkbar wurde, wenn es gelang, die Glomerulusoberfläche in ihrer Gesamtheit zu erfassen. Wir haben diese Frage durch Auszählung der Glomeruli in Serienschnitten einer Niere annähernd zu lösen versucht, wobei wir die durchschnittliche Schnittzahl bestimmten, auf der derselbe Glomerulus wiederkehrt und die Gesamtsumme der gezählten Glomerulusquerschnitte durch diese Schnittzahl dividierten.

Aus diesen Zahlen (Tab. 4) erhellt schon, daß die Zahl der Systeme erheblich schwankt. Immerhin zeigt z. B. *Bufo*, daß hier die Anpassung an die Körpergröße nicht so sehr durch Vermehrung der Systeme als durch das Wachstum der Glomeruli bewirkt wird. Unter Berücksichtigung der errechneten durchschnittlichen Glomerulusoberfläche, der Zahl der Glomeruli und des Körpergewichtes kann man nun die *spezifische Glomerulusoberfläche* (pro g Körpergewicht) errechnen und findet:

Bufo vulgaris	1,9	mm^2 pro 1 g	Körpergewicht
,, ,, KRAYER	1,57	,, ,, 1 g	,,
Rana esculenta	2,6	,, ,, 1 g	,,
,, ,, KRAYER	1,41	,, ,, 1 g	,,
Salamandra maculosa	2,7	,, ,, 1 g	,,
,, ,, KR.	7,27	,, ,, 1 g	,,
Bombinator pachypus	4,35	,, ,, 1 g	,,
Bombinator igneus juv.	4,7	,, ,, 1 g	,,
Hyla arborea	5,5	,, ,, 1 g	,,
Triton alpestris	22,47	,, ,, 1 g	,,

Dieses Maß zeigt sehr schön, daß in der angegebenen Reihenfolge eine Zunahme der spezifischen Glomerulusoberfläche vorhanden ist. Wenn man die Lebensweise der Tiere in Betracht zieht, so könnte man aus den Zahlen den Schluß ziehen, daß die wasserlebenden Formen einen gewissen Wasserüberschuß leichter wieder abgeben können als z. B. das bestgeschützte Trockentier *Bufo*. Diese Maße gewinnen aber erst Leben, wenn man nunmehr auch den *Index* berücksichtigt.

Dazu ist folgendes zu bemerken: Mehr und mehr setzt sich in neuerer Zeit die Ansicht durch, daß doch der Glomerulus Ausscheidungsort für sämtliche im Harn gelösten Substanzen ist (C. LUDWIG, v. MÖLLENDORFF, CUSHNY, HÖBER und seine Schule). Der Kanälchenapparat stellt eine gewaltige Resorptionsoberfläche dar, an der der provisorische Harn vorüberfließt, nach größtenteils noch unbekannten Gesetzmäßigkeiten an Wasser und einem Teil der Substanzen verarmt und damit in seiner Zusammensetzung erheblich verändert wird. Der von uns bestimmte Index gibt uns nun einen prägnanten Ausdruck für das Verhältnis, in dem die Ausscheidungsfläche zu dem besonders wichtigen Teil der Resorptionsfläche, dem Hauptstück, steht (W. v. MÖLLENDORFF, 1922).

Die von uns untersuchten Tiere verhalten sich bezüglich dieses Index folgendermaßen:

Rana esculenta KRAYER	21,5
,, ,, STEINBACH	10,2
Bufo vulgaris KRAYER	13,2
,, ,, STEINBACH	10,6
Bombinator pachypus KR.	7,86
Bombinator igneus juv. STEINBACH	2,53
Salamandra maculosa STEINBACH	7,73
,, ,, KRAYER	7,04
Hyla arborea STEINBACH	7,5
Triton alpestris KRAYER	6,3

Hält man die Ergebnisse zu den spezifischen Glomerulusoberflächen pro Gramm Körpergewicht, so zeigt sich überraschenderweise, daß diejenigen Formen, die eine große spezifische Glomerulusoberfläche haben, einen kleinen Index besitzen, d. h. den Tieren, die eine große spezifische Glomerulusoberfläche besitzen, steht nicht eine entsprechend große Hauptstückoberfläche zur Verfügung, so daß dadurch die große Glomerulusoberfläche ausgeglichen werden könnte. Eine Mittelstellung nimmt *Salamandra* insofern ein, als hier die besonders große Glomerulusoberfläche durch ebenfalls sehr umfängliche Hauptstücke soweit kompensiert wird, daß der Index demjenigen für *Bombinator* und *Hyla* angeglichen wird. Das Gleiche trifft für *Triton* nach KRAYERS Messungen zu.

Besonders ungünstig stehen die jungen *Bombinator*-Exemplare da, bei denen die Hauptstückmaße nicht im entferntesten die Größe erreichen, die sie nach den Glomerulusmaßen besitzen sollten. Besondere Untersuchungen hätten zu erweisen, ob bei Jugendformen, bei denen die eigentliche Neubildung von Nephronen abgeschlossen ist, ganz allgemein ein niedriger Index vorhanden ist, und ob, wie aus unseren Befunden hervorzugehen scheint, dabei die spezifische Glomerulusoberfläche schon früher der des erwachsenen Tieres angeglichen wird.

Die absoluten Maße für die Hauptstücke (Tab. 5) ergeben, verglichen mit den Glomerulusmaßen, das Bild, das in den Indices zum Ausdruck kommt.

Das Zustandekommen der Indexwerte erklärt sich bei den einzelnen Tierarten verschieden. Bei *Bufo vulgaris* sind die Glomeruli mittelgroß, ebenso die Durchmesser der Hauptstücke. Dagegen zeigen letztere eine beträchtliche Länge. *Bufo* hat ferner im Vergleich zu den anderen Amphibien die größte Zahl der Glomeruli, trotzdem aber nicht die größte Gesamtoberfläche. Die spezifische Oberfläche ist bei *Bufo* am kleinsten.

Bei *Rana* liegen die Verhältnisse betreffs des Index ganz ähnlich. Bei unseren Exemplaren waren Glomerulus- und Hauptstückdurchmesser etwas größer, die Hauptstücklänge etwas geringer als bei *Bufo*. Bei den KRAYERschen Fröschen war dagegen das Hauptstück erheblich länger als bei *Bufo*. Die Zahl der Glomeruli ist ebenfalls der bei *Bufo* gefundenen ähnlich. Die Gesamtoberfläche der Glomeruli und Hauptstücke ist etwas größer, die spezifische Oberfläche der von *Bufo* gleich und zwar sowohl bei unseren als auch bei den KRAYERschen Messungen.

Tabelle 5.

Tier	Hl mm	mdH μ	$mdGl$ μ
Rana esculenta KRAYER	4,1	48,5	94
Salamandra maculosa KRAYER . .	4,2	76,4	217
Bufo vulgaris KRAYER	3,4	57,5	121
Triton alpestris KRAYER	2,5	69,2	165
Salamandra maculosa STEINBACH .	2,3	55,3	127
Bufo vulgaris STEINBACH	2,2	34,5	85
Rana esculenta STEINBACH . . .	2,1	45,3	96
Hyla arborea STEINBACH	1,7	99,6	91
Bombinator pachypus KRAYER . .	1,3	76,8	87
Bombinator igneus juv. STEINBACH	0,5	28,3	69

Der Gruppe *Bufo—Rana* gegenüber steht die Gruppe *Salamandra—Triton—Hyla—Bombinator* mit ziemlich kleinen Indices. *Salamandra maculosa* besitzt von allen untersuchten Tieren die größten Werte für Glomerulus- und Hauptstückdurchmesser. Ihr Verhältnis ergibt aber einen kleinen Index. Die Zahl der Glomeruli ist ziemlich klein und in Zusammenhang damit auch die Gesamtoberfläche der Glomeruli und Hauptstück sowie die auf das Körpergewicht bezogenen Werte.

Hyla arborea hat im Verhältnis zu dem geringen Körpergewicht große Glomeruli und Hauptstücke. Doch ergibt sich wie beim *Salamander* auch hier nur ein kleiner Index. Die Zahl der Systeme ist ebenfalls klein, so daß wir verhältnismäßig niedrige Zahlen für die Gesamtoberfläche der Glomeruli und Hauptstücke erhalten. Auf das Körpergewicht bezogen übertreffen sie jedoch bei weitem die bei den anderen Tieren errechneten Werte.

Der von KRAYER untersuchte *Triton alpestris* hat sehr große Glomeruli, die Hauptstückdurchmesser entsprechen etwa denen vom *Salamander*. Die Länge der Hauptstücke zeigt einen Mittelwert. Dagegen ist die Anzahl der Systeme außerordentlich gering, etwa gleich der unserer jungen *Bombinatoren*. Die relativen Werte der Oberflächen von Glomeruli und Hauptstücken sind außerordentlich hoch.

Bei *Bombinator igneus* endlich entsteht der niedrige Index hauptsächlich durch die erstaunliche Kürze der Hauptstücke, die auf die noch nicht völlig abgeschlossene Entwicklung unserer Tiere zurückzuführen ist. *Bombinator* zeigt überhaupt entsprechend seiner Kleinheit sehr niedrige Zahlen für Glomerulus- und Hauptstückdurchmesser, für die Anzahl der Systeme und die Gesamtoberfläche der Glomeruli und Hauptstücke. Dagegen sind die spezifischen Oberflächenwerte ziemlich hoch. — Bei dem von KRAYER untersuchten *Bombinator pachypus* liegen die Verhältnisse etwas anders. Vor allem sind die Hauptstücke etwa so lang wie die fertig ausgebildeten bei unseren Tieren, während die Glomeruli etwa gleichgroß und die Hauptstückdurchmesser nur wenig größer sind. Infolge der Tatsache, daß bei KRAYERS erwachsenen Exemplaren alle Hauptstücke lang waren, ist natürlich der Index erheblich größer, etwa dem von *Salamandra* gleich. Die Zahl der Systeme beträgt etwa das dreifache der bei den jungen Tieren gefundenen. Die spezifischen Oberflächenwerte sind dagegen denen unserer Tiere fast gleich.

Austrocknungsversuche.

Mit den Befunden an den Nieren stehen nun *Austrocknungs*versuche, die wir bei den verschiedenen Tierarten vornahmen, in vollem Einklang. Einerseits dienten sie dazu, festzustellen, ob zwischen der Zeitdauer, während der die Tiere einen mehr oder weniger vollständigen Abschluß von der Wasseraufnahme ertragen, und der Größe der Nierenindices ein Zusammenhang besteht. Andererseits erhielten wir so in vivo ausgetrocknete Haut und konnten an ihr feststellen, welchen Einfluß auf das mikroskopische Bild Störungen in der Wasseraufnahme haben. Bei den zum Teil beträchtlichen Unterschieden, die die KRAYERschen Messungen und meine eigenen für einzelne Tierarten darbieten, beziehe ich die Austrocknungsversuche nur auf meine Nierenmessungen, wobei bemerkt sei, daß die Tiere zu allen Versuchsreihen jeweils aus der gleichen Quelle, somit wohl auch vom gleichen Standort stammten.

Zur Technik ist zu bemerken: Die Tiere wurden sorgfältig gewogen und bei Zimmertemperatur einzeln in je ein vollständig trockenes, mit Drahtgitter verschlossenes Glasgefäß gesetzt. Das Gefäß enthielt am Boden, zum Aufsaugen etwaiger Exkremente, eine dicke Filtrierpapierschicht. Die Wägungen wurden dann mindestens alle 24 Stunden, teilweise auch öfter, wiederholt. Bei der Berechnung des Gewichtsverlustes wurde selbstverständlich das Gewicht der Exkremente berücksichtigt. — Wir stellten im ganzen drei Versuchsreihen an.

Wir sind uns wohl bewußt, daß diese Methode Fehlerquellen in sich birgt. Bei den Gewichtsverlusten spielt sicher die mangelnde Nahrungsaufnahme eine — wenn auch nicht allzu große — Rolle; doch läßt sich dies kaum verhindern, da jede Nahrung Flüssigkeit enthält. Die Ergebnisse würden dadurch unter Umständen stärker beeinflußt als durch Hunger. Man kann auch mit Recht gegen unsere Versuchsanordnung einwenden, daß die Austrocknung nicht vollständig war, da die Luftfeuchtigkeit den Austrocknungsvorgang beeinflußte. Wenn wir trotz der uns bewußten Fehler diese einfache Methode anwandten, so geschah es deshalb, weil sie für unsere Zwecke völlig genügte, da es uns weniger auf absolute Genauigkeit als auf Vergleichswerte ankam und die Tiere ja alle unter denselben Bedingungen standen.

Die folgenden Tabellen sollen uns zeigen, wie sich die einzelnen Tierarten im Austrocknungsversuch verhielten. Sie entstammen Versuchen, die entweder zu gleicher Zeit angesetzt worden waren, mithin dem Einfluß der gleichen Luftfeuchtigkeit ausgesetzt waren, oder durch Vergleichsversuche auf die Vergleichbarkeit kontrolliert wurden.

Tabelle 6.

	Bufo	*Rana*	*Salamandra*	*Hyla*	*Triton*	*Bombinator*
Gesamtdauer der Austrocknung in Stunden	302	94	115	70	67	30
Gesamtgewichtsverlust in vH	38	29	53	50	40	59

Man sieht also, daß *die Zeit, die nötig ist, bis die Tiere eingehen, von Bufo bis Bombinator abnimmt,* wie nach der Größe der Indices zu erwarten war. Bei *Rana* besteht allerdings eine Schwankung, doch ist der Unterschied zwischen der Austrocknungszeit bei *Rana* und *Salamandra* nicht allzu groß. — Über die prozentualen Gewichtsverluste läßt sich immerhin sagen, daß wir, ebenso wie bei den Indices, die Tiere in zwei Gruppen trennen können. Die bei *Bufo* und *Rana* gefundenen Werte sind erheblich niedriger als die bei *Salamandra, Hyla, Triton* und *Bombinator* ermittelten. Nach der Austrocknungszeit gehört *Salamandra* allerdings zur Gruppe *Bufo—Rana.*

Der prozentuale Gewichtsverlust ist innerhalb des gleichen Zeitabschnittes für die einzelnen Tierarten verschieden, und zwar steigert er sich von Bufo bis Bombinator.

Tabelle 7. *Der Verlust an Gewichtsprozenten auf je 24 Stunden berechnet.*

Stundenzahl	*Bufo* vH	*Rana* vH	*Sal.* vH	*Hyla* vH	*Triton* vH	*Bombinator* vH
24	7	9	7	15	25	47
48	13	15	18	34	38	70
72	12	20	34	50	35	
96	14	29	50			
120	18		43			
144	15		49			
168	20		48			
192	22					
↓	⋮					
14 Tage	46					

Gleichzeitig sieht man, daß im allgemeinen während der ersten Austrocknungszeit der prozentuale Gewichtsverlust am stärksten ist. Berechnet man den durchschnittlichen Gewichtsverlust innerhalb 24 Stunden für die verschiedenen Tierarten, so ergeben sich folgende Zahlen:

Bufo: 3 vH,
Rana: 7 vH,
Salamandra: 7 vH,
Hyla: 18 vH,
Triton: 7 vH,
Bombinator: 23 vH.

Es besteht also auch hier eine von *Bufo* bis *Bombinator* aufsteigende Reihe.

Fassen wir nun schließlich die Ergebnisse der Nierenmessungen und der Austrocknungsversuche zusammen, so sind es folgende:

1. Die Indices bilden eine von *Bufo* bis *Bombinator* absteigende Reihe.
2. Die Widerstandsfähigkeit gegen Wasserverlust nimmt ab, je kleiner der Nierenindex ist. Der prozentuale Gewichtsverlust nimmt gleichzeitig zu. Besonders deutlich tritt dies bei Berechnung des Gewichtsverlustes der einzelnen Tierarten von 24 zu 24 Stunden hervor.
3. Der prozentuale Gewichtsverlust ist durchschnittlich am größten in den ersten Stunden der Austrocknung.
4. Der durchschnittliche Gewichtsverlust innerhalb 24 Stunden steigt von *Bufo* bis *Bombinator* an.

Auffallend sind die Ergebnisse für *Rana* und *Salamandra*: Nach den Austrocknungsversuchen muß angenommen werden, daß *Rana*, die schon bei 29 vH Gewichtsverlust eingeht, besonders empfindlich gegen Wasserverlust ist, aber mit *Bufo* und *Salamandra* einen verhältnismäßig guten Schutz gegen Austrocknung besitzt. Bezüglich dieses Schutzes stellt sich der *Salamander* mit *Bufo* und *Rana* in eine Reihe, während der Index *Salamandra* zu *Hyla*, *Triton* und dem erwachsenen *Bombinator* stellt. Es zeigt sich hieraus, daß außer dem Nierenindex noch andere Faktoren bei dem Schutz gegen Austrocknung wirksam sein müssen.

Vergleichende Untersuchung der Haut.

Wir haben versucht, durch vergleichende Untersuchungen der Haut in diese interessanten Fragen weitere Einblicke zu bekommen. Ehe wir auf die Zusammenhänge zwischen dem Bau der Haut und dem Nierenindex eingehen, scheint es uns nötig, unsere Befunde kurz darzustellen. Denn obwohl die Amphibienhaut zu den am meisten untersuchten histologischen Objekten gehört, herrschen doch über fast alle Elemente — Epithel, Chromatophoren, Drüsen, Bindegewebe — die größten Unklarheiten. Ein näheres Eingehen auf diese Streitfragen liegt nicht auf dem Gebiet unserer Arbeit — wir werden uns deshalb möglichst mit der Beschreibung der Befunde und einer kurzen Darstellung der wichtigsten darüber herrschenden Meinungen begnügen.

Zur Untersuchung gelangte von normalen und ausgetrockneten Tieren jeder unserer 6 Arten je ein Stück Rücken- und Bauchhaut, möglichst stets an derselben Stelle entnommen, um einen Vergleich der Befunde zu erleichtern. Die Tiere wurden mit Äther oder Chloroform getötet, in Susa fixiert und die Hautstücke in Celloidinparaffin eingebettet.

Die Epidermis.

Sehr charakteristische Unterschiede ergeben sich zunächst in den Dickenmaßen der Epidermis.

Tabelle 8. *Die Dicke der Epidermisschichten.*

Tier	Normal			Ausgetrocknet			Bemerkungen
	Str. corn. μ	*Str. germ.* μ	$\frac{Str.\ cor.}{Str.\ ger.}$	*Str. corn.* μ	*Str. germ.* μ	$\frac{Str.\ cor.}{Str.\ ger.}$	
Salamandra maculosa ..	25	95	$5/19$	10	20	$1/2$	Bauch
Rana esculenta	4	42	$1/10{,}5$	8	31	ca. $1/4$	,,
Hyla arborea	3	40	$1/13$	6	8	,, $3/4$	Rücken
Bufo vulgaris	9	31	$2/7$	8	25	,, $1/4$	,,
Bombinator igneus ...	6	24	$1/4$	3	24	,, $1/8$	,,
Triton cristatuts	4	23	$1/6$	4	10	,, $2/5$	,,

Die Zahlen sollen nur Beispiele geben, die aus Messungen an einer größeren Reihe von Exemplaren herausgegriffen sind. Selbstverständlich gibt es hier zahlreiche Schwankungen. Das betrifft besonders die Dicke des Stratum corneum, da es hier viel ausmacht, ob die Häutung gerade bevorsteht oder schon vor längerer Zeit stattgefunden hat. Auch muß sorgfältig auf die Schnittrichtung geachtet werden. Maßgeblich ist aber die Dicke des Stratum germinativum, das bei *Salamandra* über doppelt so dick ist wie bei *Rana* und *Hyla*, 3mal so dick wie bei *Bufo*, 4mal so dick wie bei *Bombinator* und *Triton*. Da *Bombinator* uns nur in jungen Exemplaren zur Verfügung stand, so dürfen die Epidermismaße dieser Art nicht mit den übrigen ohne weiteres verglichen werden.

Entsprechend der verschiedenen Dicke der Epidermis ist auch die durchschnittliche Anzahl der übereinandergeschichteten Zellagen verschieden. Wenngleich bei demselben Tier hierbei manche Schwankungen vorkommen, so läßt sich doch auch hier eine mittlere Schichtenzahl bestimmen. *Salamandra* hat 7—8, *Rana* 4—5, *Hyla* 3—4, *Bufo* 4, *Bombinator* 3—4, *Triton* 3 Kernreihen. Auch hier gibt es natürlich Schwankungen je nach dem Verhornungszustand.

Ich führe zunächst die Befunde bei *Salamandra* an. Die tiefste

Lage der Epithelzellen ist durch feine Plasmafasern mit der Grenzlamelle verankert (KROMAYER, MAURER, WEISS u. a.). In den obersten Lagen verlieren die Zellkerne ihre regelmäßige Gestalt und färben sich intensiver. Sehr deutlich treten in den tieferen Lagen die Interzellularspalten mit den Plasmabrücken hervor.

Bei anderen Tieren, z. B. *Bufo*, fanden wir dagegen gerade in den obersten verhornenden Zellschichten besonders deutliche Interzellularbrücken, was nach HOEPKE, MERK und anderen auf besonders gute Ernährung dieser Zellen hindeutet, eine Ansicht, die durch PATZELTS Arbeit über die menschliche Epidermis bestätigt wird. In diesen oberflächlicheren Zellen färbt sich das Plasma intensiver, offenbar ein Ausdruck der beginnenden Verhornung. Nach F. DE MOULIN beruht diese gesteigerte Affinität zu Farbstoffen beim Verhornungsvorgange darauf, daß aus dem Kern Kolloide ins Plasma diffundieren. — Die Kerne dieser Schichten sind vergrößert und voll großer Chromatinbrücken.

Über die ganze Epidermis verstreut finden sich bei allen untersuchten Arten Melanophoren. Sie liegen in den Interzellularspalten, am reichlichsten in den tiefen Schichten. Über ihre Herkunft bestehen noch Meinungsverschiedenheiten. EBERTH bringt sie in Zusammenhang mit kern- oder spindelförmigen Zellen, die in den Epidermisspalten liegen, indem er annimmt, daß in ihnen im weiteren Verlauf ihrer Entwicklung die schwarzen Pigmentkörnchen gebildet werden. Da er keine Anhaltspunkte für die Entstehung dieser Zellen aus dem Epithel hat, läßt er sie aus dem Corium einwandern. Wir werden hierauf noch zurückkommen. Hier sei nur soviel gesagt, daß nach unseren Befunden eine Einwanderung der verzweigten Zellen kaum anzunehmen ist. Wo die Pigmentzellen herkommen, können auch wir nicht entscheiden. — Die anderen Autoren entscheiden sich teils für epitheliale Entstehung der Melanophoren, teils für ihre Einwanderung aus dem Corium auf dem Lymphwege (SCHUBERG u. a.).

Die Drüsenmündungen sind bei *Salamandra* stets schlitzförmig. Sie liegen zwischen 2—3 Epidermiszellen, die durch sie verdrängt werden, so daß sie sich halbmondförmig herumlegen, und die Zellgrenzen oft nicht mehr deutlich erkennbar sind. Eine Mündung innerhalb einer Zelle (Stomazelle) wie sie von ASCHERSON, EBERTH, CIACCIO u. a. geschildert wird, wurde von uns nie beobachtet. Die den oberen Abschnitt des Ausführungsganges auskleidenden Zellen sind verhornt. Nach außen von diesem homogenen Saum liegen fast stets kleine körnerähnliche Gebilde in einer Reihe. Sie färben sich bei MALLORY und VAN GIESON leuchtend rot. Wir dachten zunächst an die Möglichkeit, Eleidinkörnchen vor uns zu sehen; doch war dies nicht sehr wahrscheinlich, da sie sehr groß waren, und wir überdies in den übrigen Hornzellen der

Epidermis nie welche finden konnten. Wahrscheinlich handelt es sich hier um die zu Sehnengewebe (NICOGLU) umgewandelten Enden der die Drüsen umgebenden Muskelzellen. Bei NICOGLU fanden wir Abbildungen, die etwa unseren Präparaten entsprechen. Die tiefschwarze Färbung dieser Gebilde mit Eisenhämatoxylin hebt NICOGLU noch besonders hervor. Diese Körnchen haben wir nur bei *Salamandra* gefunden. Nach außen folgt dann noch eine Faserschicht. Das Lumen erscheint je nach der Schnittrichtung enger oder breiter. Oft sieht man im Innern Sekret. Das Verhalten der Drüsenmündungen ist abgesehen von den erwähnten Körnchen bei allen Arten gleich.

In einem Schnitt sah man eine große Zelle im Epithel. Von ihren drei Kernen war einer besonders groß und erschien im Gegensatz zu den gewöhnlichen Epithelkernen, die sich bei MALLORY schwach rotgelb färben, intensiv orange. Vielleicht handelt es sich hier um etwas Ähnliches wie die von W. J. SCHMIDT bei *Hyla* beschriebenen Riesenepithelzellen (siehe unten).

Im Plasma der Zellen des Stratum corneum erscheinen feine lichtbrechende Körnchen. Nach MAURER sind dies aber nicht Eleidinkörnchen, da sie auch in anderen Zellen auftreten sollen und keine Keratohyalinreaktion geben.

Bei *Bufo vulgaris* sind die Faserstrukturen weniger ausgeprägt als bei *Salamandra*. In der obersten Schicht des Str. germinativum liegen hier große Zellen mit reichlichem intensiv gefärbtem Plasma und deutlichen Faserstrukturen (HOEPKE), während diese in den tieferen Zellen nicht so scharf hervortreten. Interzellularspalten und -brücken sind hier wenig ausgeprägt, am besten noch in den basalen Schichten. In den Interzellularspalten liegen Melanophoren und reichlich grüngelbes Pigment, in den Epidermiszellen dagegen keines.

Deutlicher sind die Faserstrukturen wieder bei *Rana esculenta*, auch *Hyla arborea* ist durch scharfe Zellbegrenzung und gute Ausbildung der Faserstrukturen ausgezeichnet. Auf die eigentümlichen Riesenzellen, die die Haut von *Hyla* charakterisieren, komme ich unten besonders zu sprechen.

Einige Besonderheiten bietet die Rückenhaut von *Triton cristatus*. Die Oberfläche der Epidermis bildet vielfach spitze Papillen. Auch die von MAURER beschriebenen und abgebildeten epidermoidalen Hautwarzen wurden öfters beobachtet. Zellgrenzen sind hier nicht deutlich feststellbar. Stets vier bis fünf stark abgeflachte lange Kerne, die säulenartig untereinander liegen. Die Drüsenmündungen sind schlitzförmig, zum Teil weit klaffend, so daß man Sekretkörner darin liegen sieht. Die Melanophoren sind zahlreich, meist völlig geballt oder mit kurzen Ausläufern; außerdem finden sich bräunliche Pigmentkörnchen.

Bei allen untersuchten Hautstückchen ist die Epidermis reich an abnorm gestalteten Zellkernen. Während Mitosen nur in der basalen Zellschicht vorkommen, treten pyknotische und zerfallende Kerne gelegentlich in allen Lagen, besonders häufig allerdings in den oberflächlichen Lagen auf. Eine andere Besonderheit weisen vornehmlich die basalen Zellagen auf, indem sich hier die vielfach beobachteten verzweigten Zellformen vorfinden. Diese haben wir in reichlicher oder geringerer Anzahl in der Epidermis aller untersuchten Formen gefunden, am häufigsten aber bei *Salamandra*.

Diese *verästelten Zellformen* (Abb. 1) treten hier in der Bauchhaut besonders klar hervor. Man kann deutlich verschiedene Formen unterscheiden. Einige haben verhältnismäßig reichliches Plasma, das sternförmig verzweigt und etwas dunkler gefärbt ist als das der umgebenden Epidermiszellen. Der Kern gleicht an Größe und Färbung dem normaler Epithelzellen. Bei sehr starker Vergrößerung (Winkel 4, Immersion)

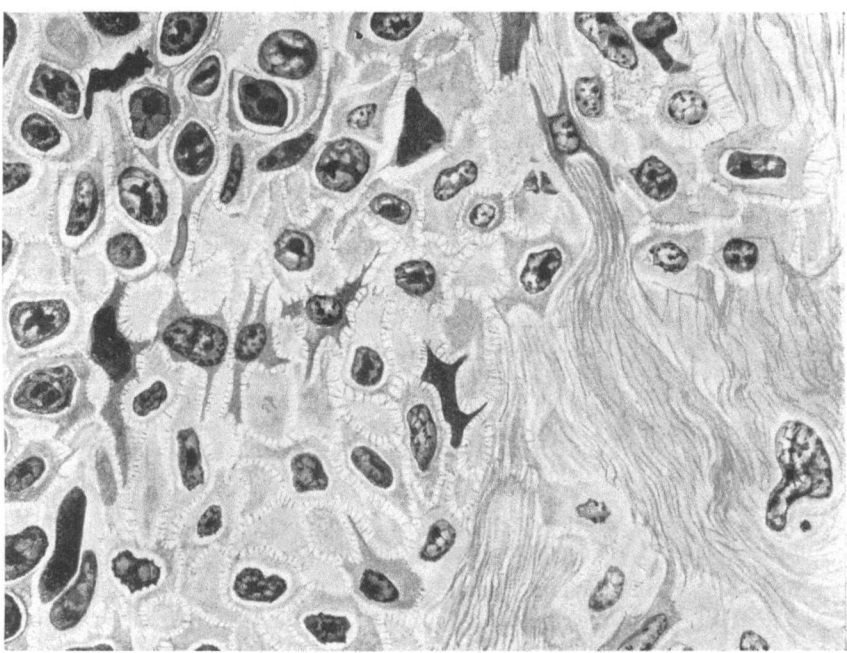

Abb. 1. Aus einem Flachschnitt der Bauchhaut von *Salamandra maculosa*, Fix. *Susa*, Fbg. M. HEIDENHAINS Eisenhämatoxylin. Zwischen den gewöhnlichen Epithelzellen sind solche eingelagert, die alle möglichen Grade der Schrumpfung erkennen lassen, aber durch Plasmabrücken mit den übrigen Epithelzellen verbunden sind. Diese ,,Wanderzellen" sind also umgewandelte Epithelzellen. Homog. Imm. 2 mm, Ok. 1. Vergr. 750 ×. Gez. B. SCHLICHTING.

sieht man nun ganz klar, daß zwischen diesen sternförmigen und den gewöhnlichen Epidermiszellen Interzellularbrücken bestehen. Eine zweite Gruppe von Zellen zeigt sehr spärliches Plasma, das nur einen schmalen Saum um den Kern und kurze zarte Ausläufer bildet. Der Kern ist größer als der normaler Epidermiszellen, zeigt unregelmäßige Formen und färbt sich sehr intensiv. Auch hier sind Interzellularbrücken gut sichtbar. — Eine dritte Gruppe endlich besteht aus äußerst langgestreckten schmalen Zellen. Man kann hier Kern und Plasma nicht unterscheiden, da alles ganz dunkel gefärbt ist. Interzellularbrücken waren hier viel undeutlicher als bei den anderen Formen.

Diese Zellen sind schon von einer ganzen Reihe von Autoren gesehen und beschrieben worden. Weiss erwähnt sie kurz als Sternzellen, deren Bedeutung völlig unklar sei. Pfitzner hat sie ebenfalls bemerkt, er bezeichnet sie als Wanderzellen. Parameschko will Bewegungen an ihnen gesehen haben. Eingehender beschäftigt sich Eberth mit ihnen. Er beschreibt sie als „kern- oder spindelförmig". Auf der Abbildung stimmt seine Form mit der von uns gefundenen überein. Es ist aber Kern und Plasma nicht unterschieden, noch sind die Interzellularbrücken und -lücken beschrieben oder gezeichnet. Eberth beschäftigt sich auch näher mit ihrer Bedeutung und Herkunft. Er hält sie, allerdings nur nach ihrer äußeren Ähnlichkeit mit amoböiden Zellen, für „der Kontraktilität höchst verdächtig" und glaubt, daß sie in innigerer verwandtschaftlicher Beziehung zu den Pigmentzellen ständen (siehe oben). Da er nun keine Tatsache kennt, welche ihre Abstammung aus der Epidermis wahrscheinlich machte, nimmt er an, daß sie aus der Kutis eingewandert seien, und zwar so, daß sie die tiefen Lagen (in denen er sie nur spärlich sah) schnell passieren, um sich dann in den mittleren Zellschichten anzusammeln. Über ihr weiteres Schicksal denkt er folgendes: In ihrem Zytoplasma bildet sich das schwarze und braune Pigment, und indem sie sich vergrößern und ausdehnen, werden sie zu den zierlich verästelten Pismentzellen. — Nach Schubergs Ansicht sind die Sternzellen unpigmentierte Pigmentzellen, was also mit Eberth übereinstimmt; Studnicka glaubt, daß die Sternform der Zellen aus Stachelzellen infolge Eindringens von Wanderzellen entstanden sei, nämlich so, daß die Fortsätze der Stachelzellen an Zahl geringer, dafür aber breiter geworden seien; Frieboes sieht in ihnen die Mutterzellen des Protoplasmafasersystems. Es sind Dendritenzellen bindegeweblicher Natur. Doch wird diese Auffassung von Hoepke widerlegt; — Biesiadecki fand ähnliche Zellen in der menschlichen Epidermis, und zwar besonders in der von Kindern und Jugendlichen und ferner an Stellen mit stärkeren Schleimschichten. — Endlich wären noch Kromeyers Stabzellen sowie die Langerhansschen Zellen zu erwähnen; wir nehmen an, daß dies ähnliche Gebilde wie die von uns beobachteten sind.

Mit den Eberthschen Ansichten stimmen unsere Befunde nicht ganz überein. Die Abstammung dieser Zellen aus der Epidermis scheint uns festzustehen. Dafür sprechen einmal die Zellen der zuerst beschriebenen Gruppe. Sie stellen offenbar das früheste Stadium der Umbildung dar. Ferner spricht ihre feste Verankerung durch Interzellularbrücken wohl bestimmt gegen eine Einwanderung aus dem Corium. Wir fanden übrigens im Gegensatz zu Eberth und in Übereinstimmung mit den meisten anderen Autoren die Zellen am häufigsten in den basalen Schichten, und zwar besonders die jungen Formen mit kaum veränderten Epithelkernen.

Was nun allerdings die Bedeutung dieser Zellen anbetrifft, so können wir hierüber so wenig bestimmtes aussagen, wie die übrigen Autoren. Der Zusammenhang mit Pigmentzellen ist uns wenig wahrscheinlich; denn in keiner der verschiedenen Formen sahen wir Pigmentkörnchen auftreten. Zu der Frieboesschen Ansicht können wir uns nicht äußern. Unsere Präparate sind für diese Untersuchungen nicht geeignet, und

Spezialfärbungen fertigten wir nicht an, da das Ganze für uns ja nur einen Nebenbefund bedeutet. Nahe läge ja auch die Annahme, daß es einfach zugrunde gehende Zellen sind, eine Ansicht, die auch MAYER vertritt. Schließlich bliebe noch eine Möglichkeit, die wir aber nicht als wahrscheinlich hinstellen wollen. Nach RETTERER entwickelt sich nämlich die gesamte Haut nur aus dem Ektoderm, und während des ganzen Lebens erneuert sie sich aus den tiefen Zellen des Stratum germinativum. Die Basalzellen können ebensogut Epithel- wie Bindegewebszellen bilden. Zu ganz ähnlichen Resultaten kommt MAURER: bei Untersuchungen an Larven von *Rana* kommt er zu der Überzeugung, daß Coriumzellen ,,aus dem Epidermisverband ausgetretene Epithelzellen" sein müssen. Eine kurze Übersicht über die zu dieser Frage gehörenden Literatur bietet die Arbeit von HOEPKE über ,,die Epithelfasern der Haut und ihre Verbindung mit dem Corium". — Öfters hängen die Zellen übrigens mit ihren Fortsätzen zusammen. Vergleicht man die oben beschriebene Zellreihe mit den Umformungen der Bindegewebszellen (siehe W. und M. VON MÖLLENDORFF, 1926), so scheint sich in der Epidermis eine gleiche Zellablösung abspielen zu können wie im Bindegewebe. Man könnte demnach in dem Auftreten der sternförmigen Zellen die Folge einer Reizung des syncytialen Epithels sehen und aus ihrem Vorkommen auf Reizzustände schließen.

Endlich kommen wir noch auf die interessanten *Riesenzellen* der Haut von *Hyla arborea* zu sprechen. Diese liegen zwischen den übrigen Zellen, teils mitten im Stratum germinativum, teils direkt an das Stratum corneum anstoßend. Es sind deutlich abgegrenzte Gebilde von rundlich eckiger Gestalt. Wir haben an vielen Zellen den größten und den kleinsten Durchmesser festgestellt und erhielten Durchschnittswerte von 55 und 35 μ für die Zelle und 17,5 μ für die Kerne. Interzellularbrücken zu den umgebenden Epithelzellen waren nicht festzustellen. Das Plasma der Zellen ist meist etwas heller als das der gewöhnlichen Epidermiszellen. Es zeigt stets eine deutliche Granulierung und oft im peripheren Abschnitt eine konzentrische Streifung. Die Anzahl der Kerne ist verschieden. Wir fanden 1—5 Kerne in einer Zelle. Auffallend ist nur, daß die einzelnen Kerne um so besser erhalten sind, je größer ihre Zahl ist. Sie zeigen dann etwa die Größe von Epithelkernen und befinden sich im Anfang der Karyolyse, genau wie wir es oft an den gewöhnlichen Epidermiskernen beobachteten. Die Kernmembran ist stark gefärbt, im Innern liegen noch einzelne Chromatinbrocken und 1—2 Kernkörperchen, die sich mit sauren Farbstoffen färben. Die Kerne liegen dann meist dicht beieinander, und um sie hat das Plasma, offenbar durch Verdichtung, eine Art Kapsel gebildet. Diese Gestalt der Zellen fanden wir in der normalen Haut am häufigsten. Daneben traten aber auch Zellen auf, die nur ein oder zwei deutliche

Kerne und außerdem eine dunkel gefärbte bröcklige Masse, wohl Reste anderer Kerne, enthielten. Endlich traten dann noch einzelne Zellen auf, bei denen man einen wirklichen Kern überhaupt nicht mehr erkennen konnte, sondern nur einen großen Klumpen dunkler Chromatinbrocken, um die manchmal wieder eine Art Kapsel gebildet war.

Diese Zellformen bilden die Hauptmasse der von uns gesehenen „Riesenepithelzellen". Daneben traten nun auch vereinzelt Zellen auf, die im allgemeinen einen ähnlichen Bau besitzen, aber nie mehrere Kerne haben, sondern stets einen riesig großen, aus dichten Chromatinbrocken bestehenden Kern, der sich halbmondförmig um einen Hohlraum legt.

In der Literatur fanden wir diese Zellformen ein einziges Mal beschrieben, und zwar von W. I. Schmidt. Seine Beschreibung und vor allem seine Abbildungen stimmen mit unseren Befunden ziemlich überein. Einige Unterschiede bestehen aber doch. Wir konnten, wie schon gesagt, keine Interzellalarbrücken zu den umgebenden Epithelzellen feststellen. Ferner fanden wir auch durchaus nicht immer, daß die Zellen die Zylinderschicht und das Stratum corneum berührten. Schmidt gibt ihre Größe mit 25—50 μ an, was mit unseren Maßen gut übereinstimmt. Schmidt fand ein bis drei Kerne in ihnen, bei uns waren dagegen vier oder fünf Kerne durchaus nicht selten. Auch sahen wir häufig zwei Nukleolen in den Kernen, während Schmidt dies als selten beschreibt. Diese meist mehrkernigen Zellen nennt Schmidt „Riesenepithelzellen". Ihnen gegenüber stellt er die „Riesendrüsenzellen". Das sind die Formen mit einem großen, halbmondförmigen Kern, der um einen Hohlraum liegt. Schmidt hat diese Zellen im senkrechten Schnitt getroffen und folgendes Bild erhalten: der Kern ist zweimal angeschnitten. Zwischen den beiden Stücken liegt der „Sekretbehälter". Das ist ein ellipsoides Gebilde, dessen große Achse senkrecht zur Oberfläche der Haut steht. In seinem Inneren liegt eine feinkörnige Masse, die sich mit Thionin-Eosin blau färbt. Gegen das Plasma ist es durch eine feine Membran abgegrenzt. Am oberen Pol befindet sich ein kurzer Ausführungsgang, der oft auch die Hornschicht durchbricht. Wir haben in unseren Präparaten zufällig die Zellen stets im Querschnitt getroffen, doch stimmen diese Bilder völlig mit Schmidts Querschnittsbildern überein, so daß man wohl annehmen kann, daß es sich um die beschriebene Zellform handelt. Nach Schmidts Ansicht sind dies einzelne Drüsen, die sich möglicherweise aus den Rudneffschen Flaschenzellen entwickeln, die auch wir oft gefunden haben.

Die „Riesenepithelzellen" faßt Schmidt als pathologische Erscheinungen auf. Er glaubt, daß sie durch hydropische Schwellung veränderte Epidermiszellen seien; der Kerne sollen durch amitotische Teilung entstehen.

Diese Auffassung erscheint uns auf Grund unserer Beobachtungen nicht gesichert.

1. Wir fanden diese Zellen sehr zahlreich vor. Schmidt fand sie unter 15 untersuchten Tieren nur bei zwei Exemplaren, während wir sie bei jedem unserer Tiere feststellen konnten.

2. Gegen die „hydropische Schwellung" spricht, daß sie in der Haut unserer ausgetrockneten Tiere ganz besonders zahlreich auftreten.

3. Amitosen wurden nie beobachtet. Auch Schmidt hat sie nicht

gesehen, sondern nimmt sie nur an. Die Kerne scheinen nach unseren Befunden nicht lebensfähig, sondern im Absterben begriffen.

4. SCHMIDT hat Übergangsstadien zwischen Epithelzellen und Riesenepithelzellen nicht beobachtet. Wir glauben, diese nun in folgenden Erscheinungen gefunden zu haben: in den oberen Lagen der Epidermis des Laubfrosches findet man häufig rundliche Zellen mit ziemlich hellem Plasma, deren Kern offenbar in Auflösung begriffen ist. An verschiedenen Stellen konnten wir nun beobachten, wie sich zwei oder drei solcher Zellen aneinander gelegt hatten. Ihre Berührungsflächen platten sich ab, die Zellgrenzen werden undeutlich. Man kann sich nun gut vorstellen, daß dieser Prozeß weiter geht, die Zellgrenzen vollständig schwinden und so eine große Zelle mit hellem Plasma und mehreren Kernen entsteht. Die streifigen Plasmastrukturen bilden sich dann wohl sekundär aus.

Das Corium.

Die oberflächliche Schicht des *Coriums*, das Stratum spongiosum, ist beim *Salamander* deutlich gegen die Epidermis durch eine schmale Bindegewebslamelle, den Grenzsaum, abgeschlossen, der besonders an der Bauchhaut deutlich hervortritt. Über diese Lamelle bestehen verschiedene Ansichten. Von vielen Autoren (STIEDA, SEEK, WEISS u. a.) wird sie als homogen beschrieben, während andere (PFITZNER, MAURER, STUDNICKA, KROMAYER, SCHUBERG u. a.) deutliche Faserung gesehen haben. Nach neueren Forschungen findet in der Basalmembran eine Verbindung zwischen Epidermis- und Coriumzellen statt. In die kollagene Grenzlamelle dringen vom Corium Bindegewebsfasern ein, die feine Fortsätze parallel zur Oberfläche abgeben. Von diesen steigen feinste Fäserchen (KROMAYER, HASE, STUDNICKA) auf und verbinden sich mit den Plasmafortsätzen der Basalzellen. Viele Autoren halten die Grenzschicht überhaupt für ein Produkt von Bindegewebs- und Epithelzellen (MERKEL, KROMPECHER, KROMAYER usw.). — Die Forschungen der neuesten Zeit haben nun aber wieder zu anderen Resultaten geführt. PATZELT und vor ihm RABL, MERK, WEIDENREICH u. a. geben an, daß ein wirklicher Zusammenhang, also eine plasmatische Verbindung der einen Zellart mit der anderen, nicht bestünde. Die Fasern des subepithelialen Bindegewebes senden nach HOMMA und BUFACCA zwar feine Fortsätze zwischen die basalen Epidermiszellen, umfassen sie aber nur, ohne in sie einzudringen. Ähnliches schildert RABL. In der „Grenzlamelle" stecken die Wurzelfüßchen der Basalzellen und ein feines Geflecht zarter Fasern, die unmittelbar an die Epithelzellen herantreten ohne in sie oder in die Spalten einzudringen. — PFITZNER sah in der Grenzlamelle auch Kanäle, die die weiteren basalen Interzellularlücken mit Lymphspalten der Cutis verbinden. — Nach unseren eigenen Präparaten hat sich die Grenzlamelle als deutlich gefasert erwiesen. Auf genauere Untersuchungen konnten wir uns jedoch nicht einlassen.

Nach innen schließt sich die Pigmentschicht an. Die Menge der Melanophoren wechselt, je nachdem man eine schwarze oder gelbe Hautstelle untersucht. An den gelben überwiegt ein feinkörniges grünbraunes Pigment. Es bildet eine dicke Schicht, einzelne Farbzellen sind nicht unterscheidbar. — Außerdem enthält die Pigmentschicht noch zahlreiche weite Kapillaren.

Zum Teil noch innerhalb der Pigmentschicht, zum Teil tiefer liegen *die Drüsen*. Sie sind eines der am meisten untersuchten Gebilde der Amphibienhaut. Unter anderem handelt es sich darum, ob man mehrere Drüsenarten unterscheiden soll. Da wir keine eingehenden Untersuchungen angestellt haben, fühlen wir uns nicht berechtigt, über die Frage zu entscheiden. Es scheint uns — wie auch GAUPP, EBERTH, CIACCIO und andere es darstellen —, daß Schleim- und Giftdrüsen Differenzierungen derselben Grundform sind, und zwar so, daß die Schleimdrüsen der Grundform näherstehen und die Giftdrüsen gewissermaßen ein ausgesprochenes oder speziell differenziertes Funktionsstadium bedeuten. Die Schwierigkeiten in der Unterscheidung der Drüsen liegen zum Teil darin, daß man sie im ausgeprägten Sekretionsstadium wohl auseinanderhalten kann, daß aber im Ruhezustand und zu Beginn der Sekretion beide Drüsenarten große Ähnlichkeiten haben. So treten zum Beispiel in beiden zu verschiedenen Zeiten Körner auf. Eine färberische Unterscheidung gibt auch kein klares Bild. Die Sekretgranula der „Giftdrüsen" färben sich stets mit sauren Farbstoffen, die körnige Sekretvorstufe der Schleimdrüsen (BIEDERMANN) tut dies aber auch (O. WEISS). Wir werden uns deshalb lediglich auf eine Beschreibung der Drüsen beschränken. — Wir können verschiedene Formen unterscheiden. Die kleineren, oberflächlicher gelegenen Drüsen zeigen je nach dem Sekretionszustand ein höheres oder niedrigeres Epithel. Sind die Zellen kubisch, so sind sie auch alle gut begrenzt und die Kerne liegen etwa in der Zellmitte. Dies ist wohl der Ruhezustand. Ist das Epithel hingegen zylindrisch, so erkennt man gegen das Lumen zu keine Abgrenzung mehr, das Sekret tritt aus den Zellen aus und bildet eine netzig-wabige Masse. Das Plasma dieser Drüsenzellen ist hell und fein granuliert. Daneben treten andere Formen auf, die im allgemeinen den vorher beschriebenen Drüsen gleichen, aber im zentralen Abschnitt einiger Zellen haben sich größere bei v. GIESON gelbrot, bei MALLORY blau gefärbte Körner gebildet. Möglicherweise ist dies ein Übergangsstadium zwischen Schleim- und Giftdrüsen (NIRENSTEIN, O. WEISS). Endlich findet man noch die großen Drüsen. Ist das Epithel erhalten, so lassen sich die Zellen gut gegeneinander abgrenzen. Das von O. DRASCH beschriebene Synzytium wurde nicht beobachtet. Meist findet man aber nur noch Reste des Epithels, in Gestalt der LEYDIGschen Riesenzellen. Es sind dies ungeheuer große Zellen, oft mit mehreren, ebenfalls sehr großen Kernen. Oder man sieht auch nur noch große Kerne der Muskelschicht direkt aufliegen. Häufig ist vom eigentlichen Zellkörper nichts mehr zu sehen, nur die riesig großen aufgelockerten chromatinreichen Kerne liegen mitten im Sekret. Den von LAUNOY geschilderten Chromatinrückgang haben wir übrigens nie beobachtet. Besonders in der drüsenreichen Bauchhaut findet man basal von den Drüsenzellen oft einzelne Zellformen, die das Aussehen von Zellen der Bindegewebsreihe besitzen. Möglicherweise handelt es sich hier um Wanderzellen. Bei den ausgetrockneten Tieren haben wir diese Zellen vermißt. — Alle Drüsen sind von einer deutlichen Bindegewebshülle umgeben, bei vielen läßt sich auch eine aus einzelnen Fasern bestehende Muskelschicht nachweisen. — Das Sekret selbst kann unter verschiedenen Formen erscheinen. Entweder das ganze Drüsenlumen ist von einer homogenen, mit sauren Farbstoffen färbbaren Masse erfüllt, in der nur einige zugrunde gehende Kerne liegen. Oder man kann zwei Arten von Körnchen unterscheiden: große, stark lichtbrechende, mit sauren Farbstoffen färbbare Körner, die in eine feinkörnige Masse, den „Detritus" DRASCHS, eingebettet sind.

Das *Bindegewebe* des Stratum spongiosum besteht aus lockeren Faserzügen, die, wenn viele Drüsen vorhanden sind, nur noch ein Gerüst für diese bilden.

Das *Stratum compactum* ist aus etwas derberen Bindegewebszügen aufgebaut, die im allgemeinen wellig, parallel zur Hautoberfläche, verlaufen. An einzelnen Stellen werden sie durchbrochen von senkrecht aus der Tela subcutanea aufsteigenden, gefäßhaltigen Faserbündeln, doch ist dies hier weniger deutlich als z. B. bei *Rana*. — Neben den gewöhnlichen Bindegewebskernen finden sich größere lockerer gebaute Fibrozytenkerne, die sich oft in Amitose befinden (A. BENNINGHOFF).

Bufo vulgaris enthält in der Pigmentzone des Stratum spongiosum reichlich weit verzweigte Melanophoren, dazwischen diffus verteiltes braungrünes Pigment. Auf unseren Präparaten fanden wir an Rücken und Bauch nur wenig Drüsen, von denen wir nur erwähnen wollen, daß wir LEYDIGsche Riesenzellen hier nicht angetroffen haben. Das Stratum compactum verhält sich ähnlich wie bei *Salamandra*.

Bei *Rana esculenta* ist im Stratum spongiosum die Grenzlamelle deutlich gefasert. Pigmentschicht: Melanophoren und Xantholeukosomen. Melanophoren rundlich-eckig, also völlig kontrahiert. Die Xantholeukosomen haben etwa die Gestalt von Epithelzellen, sind aber etwas größer. Ihr Plasma ist sehr hell und ganz fein granuliert. der kleine kompakte Kern liegt etwas exzentrisch. W. I. SCHMIDT nennt sie Xantholeukosomen, da er sie nicht als einheitliche Zellen auffaßt. Jedes Xantholeukosom besteht aus einer becherförmigen Guaninzelle (Guanophore, Leukophore) und einer linsenförmigen Lipochromzelle (Lipophore, Xanthophore). Im Gegensatz zu denen bei *Hyla* sollen die Xantholeukosomen bei *Rana* kurze Fortsätze haben. — Drüsen spärlich, alle etwa gleich groß und von ähnlicher Beschaffenheit.

Im Stratum compactum finden sich zahlreiche, dicht aneinander liegende Faserbündel, die wellig parallel zur Oberfläche verlaufen. Die Bündel bilden etwa zehn Lamellen, zwischen denen feine Spalten freibleiben. In der Rückenhaut steigen ab und zu Faserbündel senkrecht durch diese Schicht gegen die Epidermis auf, in der Bauchhaut sind diese Bündel in regelmäßigen kurzen Abständen angeordnet.

Bei *Hyla* ist im Stratum spongiosum der Rückenhaut die Grenzlamelle sehr zart, die Pigmentschicht umfangreich; Melanophoren, Xantholeukosomen und bräunliche Pigmentkörnchen. Melanophoren stark verästelt, umgreifen mit ihren Fortsätzen die Xantholeukosomen und die Drüsen. Xantholeukosomen sehr hell und fein granuliert, häufig von Pigmentkörnchen überlagert. Unter der Grenzlamelle bilden sie eine zusammenhängende Schicht und stehen so dicht, daß sie sich gegenseitig abplatten. — Kapillaren sehr weit. — Drüsen alle etwa gleich groß. Zwei Gruppen. Die einen mit gut abgegrenzten Zellen,

Kerne basal, Plasma voll feiner blauroter Körnchen. Die anderen: stark kontrahiert, gefaltet. Epithel: große Zellen mit homogenem trübem Plasma. Kern in der Mitte. Zellen nicht immer gegeneinander abgrenzbar. Das Bindegewebe enthält Faserzüge, die sich nach allen Richtungen durchflechten. Im Stratum compactum sind auch hier die groben Faserzüge zu Lamellen geschichtet.

Im Corium von *Triton cristatus* besitzt das Stratum spongiosum eine Grenzlamelle, die meist überdeckt wird von den sehr zahlreichen verzweigten Melanophoren, die eine zusammenhängende Schicht bilden, und von diffus verteilten bräunlichen Pigmentkörnchen; Melanophorenausläufer umgeben auch teilweise die oberen Drüsen. Wegen der letzteren verweise ich auf die Arbeiten von M. Jiresowa, Arnold und G. Levi, nach denen die kleinen Sekretkörnchen in den Zellen bei großen Drüsen (Giftdrüsen) aus den Plastosomen entstehen, wobei die Zellen nicht zugrunde gehen, während nach M. Heidenhain und Junius sich die „Giftzelle" vollkommen in Sekret umwandelt und sich auflöst. Nach unseren Befunden ist dies auch wahrscheinlicher; denn oft fanden wir mitten in den homogenen Sekretmassen zahlreiche sehr aufgelockerte Kerne mit unregelmäßigen Formen, häufig auch nur Chromatinbrocken. Das Bindegewebe besteht aus ganz schmalen Scheidewänden zwischen den Drüsen.

Bei *Bombinator igneus* endlich fand ich nur eine Art von Melanophoren, die die Hauptlamelle größtenteils verdecken, stark verzweigt sind und sich über das ganze Stratum spongiosum erstrecken. Die Drüsen sind sehr zahlreich und waren bei meinen Exemplaren viel kleiner als bei *Triton*.

Die Haut der ausgetrockneten Tiere.

Zu diesen Untersuchungen wurden nur solche Tiere verwandt, die nach dem erheblichen Gewichtsverlust und nach ihrem Gesamtverhalten zu beurteilen, sich kurz vor dem Absterben befanden, nicht dagegen solche, die bereits gestorben waren.

Im Verhalten des *Epithels* fanden wir sehr charakteristische Artverschiedenheiten. Am wenigsten verändert war das Oberflächenepithel bei *Bufo* (Abb. 2a und b), wo die Zahl der Zellschichten im Stratum germinativum kaum verändert und die Dicke dieser Schicht nur wenig abgenommen hatte. Auch *Rana* zeigt nur eine geringe Abnahme und Veränderung des Stratum germinativum. Merkwürdigerweise konnten wir auch bei *Bombinator* nur wenig Veränderungen finden. Um so auffallender sind aber die katastrophalen Veränderungen, die die Epidermis bei *Salamandra*, *Hyla* (Abb. 3a und b), *Triton* erleidet. Bei *Salamandra* hat die Dicke des Stratum germinativum (siehe Tab. 8 auf S. 396) auf etwa $1/5$, bei *Hyla* auf $1/5$, bei *Triton* auf etwa $2/5$ des normalen Wertes abgenommen. Da das Stratum corneum eher verstärkt, jedenfalls nicht vermindert ist, nimmt es einen prozentual größeren Teil der Dicke ein. Die Dickenverminderung des Stratum germinativum ist zum Teil mit einer Abnahme der Zellschichten verbunden; so zeigt die ausgetrocknete Salamanderhaut deren 1—2 gegen 7—8 beim normalen Tier. Man muß sich wohl vorstellen, daß die allmähliche Verminderung des Wasserbestandes schwer in den Regene-

und dem histologischen Bau der Haut bei Amphibien. 407

rationsvorgang der Epidermis eingreift, so daß zunächst wohl noch eine Verhornung eintritt, aber eine Neubildung von Zellen ausbleibt.

Bei den Arten, deren Veränderungen besonders schwer sind, zeigt auch die Färbbarkeit des Zytoplasmas den Wasserverlust an. Vielfach

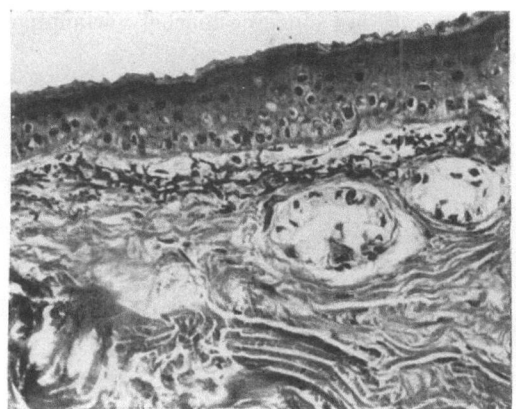

Abb. 2a.

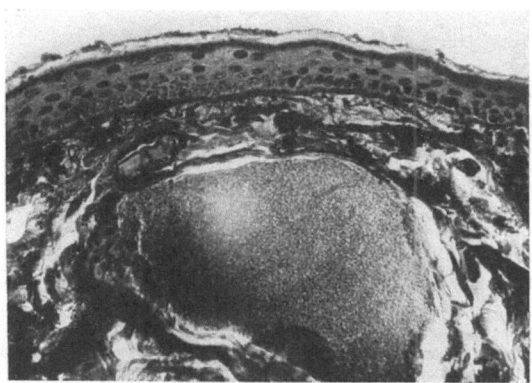

Abb. 2b.

Abb. 2. Rückenhaut von *Bufo vulgaris*. a) Normales Tier, b) 12 Tage vollkommen trocken gehaltenes Tier. Der Dickenunterschied in der Epidermis ist sehr gering, beachte die sehr starke Drüsenfüllung beim Trockentier. Vergr. 180 ×.

ist (besonders bei *Salamandra*, *Triton* und *Hyla*) das Zytoplasma auf geringe Reste zusammengeschrumpft, so daß die Kerne größer erscheinen. Doch sind auch die Kerne vielfach pyknotisch.

Eine Ausnahme machen bei *Hyla* die Riesenepithelzellen, die bei den ausgetrockneten Tieren, wie schon oben erwähnt, eher vermehrt vor-

408   G. Steinbach: Über Zusammenhänge zwischen dem Nierenindex

kommen und auch in ihrer Größe nicht ab-, sondern eher zugenommen haben. An Stellen, wo Riesenzellen liegen, ist die Epidermis denn auch dicker als in den übrigen Teilen.

In auffallendem Gegensatz zu dem Deckepithel stehen auch die *Drüsen*, die überall in starker Sekretfüllung und mit voll arbeitenden Sekretionszellen angetroffen werden. Unsere Untersuchungen waren nicht umfangreich genug, um einzelne hierbei vorkommende Beobachtungen genauer anzuführen.

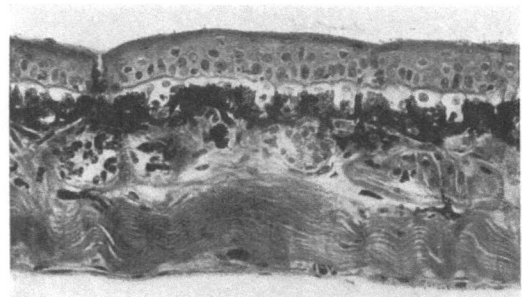

Abb. 3a.

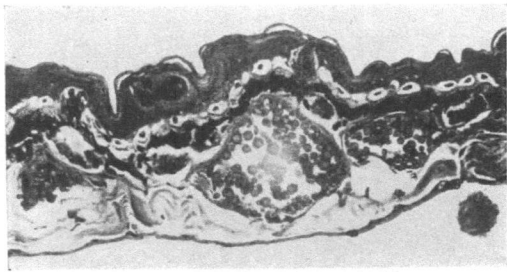

Abb. 3b.

Abb. 3. Rückenhaut von *Hyla arborea*. *a)* Normales Tier, *b)* 3 Tage trocken gehaltenes Tier. Die Epidermis des Trockentieres ist sehr stark geschrumpft, bei starker Drüsenfüllung. Die Riesenepithelzellen widerstehen der Schrumpfung. Vergr. 180 ×.

Im Bereiche des *Coriums* sind die Austrocknungserscheinungen ebenfalls sehr verschieden ausgesprochen. Sie machen sich hier in dem Verschwinden der Gewebsspalten und damit in der Abnahme der Dicke geltend. Besonders auffallend war es uns, daß die Pigmentzellen bei *Salamandra*, *Triton*, *Hyla* und *Bombinator* fast ausnahmslos geballt waren, während die Leukosome bei *Hyla* der Austrocknung viel besser Widerstand leisteten. Jedenfalls lassen sich an diesen Veränderungen ebenfalls die schweren Wirkungen der Austrocknung auf die Haut erkennen.

Zusammenfassung und Schluß.

Fassen wir nunmehr die Ergebnisse unserer Untersuchungen zusammen, so müssen wir bekennen, daß sie in mancher Beziehung unvollständig und unbefriedigend sind. Andererseits läßt es sich nicht verkennen, daß gewisse Beziehungen zwischen dem Nierenaufbau, der Haut und dem Schutz gegen Wasserverlust aufgedeckt wurden. Betrachtet man das Nierenkanälchen als Resorptionsorgan für das Transsudat, das dem Glomerulus entströmt, so ist es nur der schwierigen Technik zur Last zu legen, daß wir gezwungen waren, nur das Hauptstück bei der Messung zu berücksichtigen. Besonders die Länge und Dicke des sogenannten IV. Abschnittes hätte mitberücksichtigt werden müssen, um eine klare Vorstellung von der Größe der Rückresorptionsfläche zu bekommen. Doch gehört eine völlige Isolierung eines ganzen Kanälchens zu den Seltenheiten, und eine derartige Untersuchung hätte sich nicht durchführen lassen.

Unbefriedigend ist weiterhin, daß zweifellos Alters- und Standortunterschiede die Auswahl des Materials stark einengen, und unsere Ergebnisse dürfen daher keine allgemeine Gültigkeit beanspruchen.

Unverkennbar ist aber, daß die Größe der Glomerulusoberfläche pro Gramm Körpergewicht der Austrocknungsgefahr parallel geht (siehe die Tab. auf S. 390). Diese Gefahr wird um so größer, wenn bei gleichgroßer spezifischer Glomerulusoberfläche eine geringe Rückresorptionsfläche zur Verfügung steht, d. h. wenn der Index klein ist (siehe *Bombinator* im Vergleich zu *Hyla* und *Triton*).

Die Austrocknungsgefahr wird nun aber weiterhin gesteigert, wenn die Haut sehr empfindlich ist, d. h. keinen genügenden Verdunstungsschutz gewährt. Hieraus erklärt sich die geringere Widerstandsfähigkeit von *Salamandra* gegenüber *Bufo*. Das Verhalten von *Rana* bedarf weiterer Untersuchung. Wir haben oben schon darauf hingewiesen, daß sich zwischen den Messungen O. Krayers und unseren eigenen erhebliche Unterschiede herausgestellt haben. Trotzdem nun die Haut anscheinend nicht so stark verändert wird wie bei *Salamandra*, trotzdem der Index bei *Rana* unter allen Umständen größer ist als bei *Salamandra*, gingen unsere Exemplare doch früher ein als *Salamandra*, wenn wir sie ins Trockene brachten. Eine übersichtliche Zusammenstellung eines Teiles meiner Ergebnisse soll Abb. 4 darstellen.

Wir werden hierdurch zu der Vermutung gebracht, daß noch eine Reihe anderer Faktoren die Widerstandsfähigkeit gegen Austrocknung bestimmen müssen, die unserer Betrachtung entgangen sind.

Die Versuche wollen zu weiteren anregen und zeigen, daß die so typischen Unterschiede im Aufbau der Nieren der verschiedenen Amphibienarten erst lebendig werden, wenn sie im Zusammenhang mit biologischen Faktoren betrachtet werden. Wir haben willkürlich nur die Wasserbewegung in Betracht gezogen, die Nahrungsweise und damit die verschiedenartige Zusammensetzung des Blutes mögen weiter bestimmend auf die Nierenzusammensetzung einwirken. So wären dringend mikrochemische Harnanalysen der verschiedenen Amphibienarten erwünscht, um hier weiterzukommen. Immerhin sehen wir typische Verschiedenheiten auftreten, die einen unverkennbaren Zusammenhang mit dem Wasserbedürfnis der einzelnen Arten dartun.

Schließlich sei noch einmal darauf hingewiesen, daß die Ergebnisse bezüglich der Arteigentümlichkeiten nur mit Vorsicht gewertet werden dürfen. Ich versage es mir deshalb auch, die Ergebnisse in biologischer Hinsicht zunächst weiter auszuwerten, wenngleich dies sehr reizvoll wäre. Ehe dies aber korrekt durchzuführen ist, müßte zur Bestimmung der Art- und Standortspezifität ein größeres Material untersucht werden, was allerdings einen erheblichen Arbeitsaufwand erfordern würde.

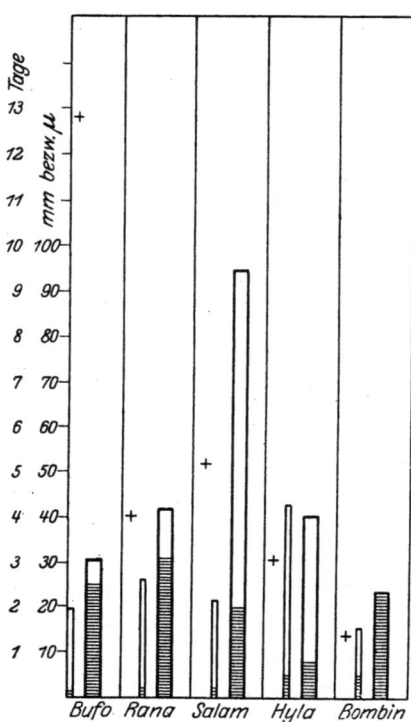

Abb. 4. Übersicht über einen Teil der Befunde. In jeder Spalte sind 3 Werte verzeichnet. Das Kreuz gibt den Tag an, an dem das Tier nach Trockensetzung einging. Die schmale Säule stellt die Hauptstückumfangfläche pro Gramm Körpergewicht in Quadratmillimeter, der untere gestrichelte Teil der Säule die Glomerulusoberfläche pro Gramm Körpergewicht in Quadratmillimeter dar. Die breite Säule gibt die Gesamtdicke des *Str. germinativum* der Epidermis an, der untere gestrichelte Teil dieser breiten Säule gibt diejenige Dicke des *Str. germinativum* an, die das Tier am Ende des Austrocknungsversuches besaß.

Zum Schluß möchte ich nicht versäumen, Herrn Professor VON MÖLLENDORFF meinen besten Dank dafür, daß er mir jederzeit mit Rat und Tat zur Seite gestanden hat, auch auf diesem Wege auszusprechen. Ferner danke ich Fräulein B. SCHLICHTING für die Anfertigung der Zeichnungen, sowie Fräulein H. RAASCH für ihre Bemühungen bei der Herstellung der Photographien.

Literaturverzeichnis.

Arnold: Über Bau und Sekretion der Drüsen der Froschhaut. Arch. f. mikroskop. Anat. **65,** 650. 1905. — **Ascherson:** Über die Hautdrüsen der Frösche. Arch. f. Anat., Physiol. u. wiss. Med. Jg. 1840. — **Bauer, V.:** Die Froschhaut als Organ der Wasserresorption. Pflügers Arch. f. d. ges. Physiol. **209,** 1925. — **Benninghoff, A.:** Beobachtungen über Umformungen der Bindegewebszellen. Arch. f. mikroskop. Anat. u. Entwicklungsmech. **99.** 1923. — **Biedermann, W.:** Zur Histologie und Physiologie der Schleimsekretion. Sitzungsber. d. Akad. der Wissensch., Mathem.-naturw. Kl. III **94,** Jg. 1886. Wien 1887. — **Bruno, Alessandro:** Sulla cariocinesi nelle cellule epidermiche: contribuzioni istologiche (Anfibi). Boll. d. soc. nat., Napoli, anno 20, ser. I, **20,** 38—41. — **Ciaccio, I. V.:** Intorno alla minuta fabbrica della pelle della *Rana esculenta*. (Lavoro premiato dall' Accademia degli Aspiranti Naturalisti di Napoli.) Giorn. d. science nat. ed economiche **2,** anno II. Palermo 1866. Separat erschienen Palermo 1867. — **Cushny:** The secretion of the urine. London 1917. — **Drasch, Otto:** Über die Giftdrüsen des Salamanders. Verhandl. d. anat. Ges., Wien 1892. — **Ders.:** Der Bau der Giftdrüsen des Salamanders. Arch. f. Anat. 1894. — **Eberth:** Untersuchungen zur normalen und pathologischen Anatomie der Froschhaut. Leipzig: Engelmann 1869. — **Eternod et Robert:** Les Chromatozytes. Anat. et Physiol. Verhandl. d. anat. Ges., 22. Vers. Berlin 1908. 121—131. — **Gaupp:** Die Anatomie des Frosches 1904. — **Hase, A.:** Studien über das Integument von *Cyclopterus lumpus*. Jenaische Zeitschr. f. Naturwiss. **47.** 1911. — **Heidenhain, M.:** Über die Hautdrüsen der Amphibien. Sitzungsber. d. phys.-med. Ges. Würzburg Jg. 1893. — **Hoepke, H.:** Die Epithelfasern der Haut und ihre Verbindung mit dem Corium. Zeitschr. f. d. ges. Anat., Abt. 3: Ergebn. d. Anat. u. Entwicklungsgesch. **25.** 1924. — **Jiresowa, Marie:** Über die Entwicklung der Hautdrüsen und ihrer Sekrete bei den Amphibien. Anat. Anz. **51,** 280. 1918/19. — **Junius:** Über die Hautdrüsen des Frosches. Arch. f. mikroskop. Anat. **47,** 136. 1896. — **Kromayer:** Zur Epithelfaserfrage. Monatsh. f. prakt. Dermatol. **24.** — Ders.: Die Protoplasmafaserung. Arch. f. mikroskop. Anat. **39.** 1892. — **Krompecher:** Über Verbindungen, Übergänge und Umwandlungen zwischen Epithelzellen, Endothel und Bindegewebe bei Embryonen, niederen Wirbeltieren und Geschwülsten. Zieglers Beitr. z. pathol. Anat. u. z. allg. Pathol. **37.** 1904. — **Launoy:** Contribution à l'étude des phénomènes nucléaires de la sécrétion. Ann. des sciences nat., sér. zool. **18.** 1903. — **Levi, Giuseppe:** I condriosomi nelle cellule secernenti. Anat. Anz. **42,** 576—592. 1912. — **Leydig:** Über die allgemeinen Bedeckungen der Amphibien. Arch. f. mikroskop. Anat. **12.** 1876. — **Maurer:** Die Epidermis und ihre Abkömmlinge. Leipzig 1895. — **Merkel, Fr.:** Die Verbindungen der Epithelzellen unter sich. Verhandl. d. med. Ges. Göttingen, Dtsch. med. Wochenschr. 1904, Nr. 16. — **v. Möllendorff:** Darf die Niere im Sinne der Sekretionstheorie als Drüse aufgefaßt werden? Münch. med. Wochenschr. 1922, Nr. 29. 1069—1072. — **De Moulin:** Der Verhornungsprozeß der Haut und der Hautderivate. Anat. Anz. **56,** 461—468. — **Nirenstein, E.:** Über den Ursprung und die Entwicklung der Giftdrüsen von *Salamandra maculosa* nebst einem Beitrag zur Morphologie des Sekretes. Arch. f. mikroskop. Anat. **72,** 47—140. — **Nicoglu, P.:** Über die Hautdrüsen der Amphibien. Zeitschr. f. wiss. Zool. **56.** 1893. — **Nonnenbruch, W.:** Ein Beitrag zur Kenntnis der Verbindungen zwischen Epidermis und Cutis. Inaug.-Dissert. München 1912. — **Pfitzner:** Die Epidermis der Amphibien. Gegenbaurs morphol. Jahrb. **6.** 1880. — **Rudneff:** Über die epidermoidale Schicht der Froschhaut. Vorl. Mitt. Arch. f. mikroskop. Anat. **1.** 1865. — **Schmidt, W. I.:** Über

Chromatophorenvereinigungen bei Amphibien, insbesondere bei Froschlarven. Anat. Anz. 51, 493—501. 1918/19. — Ders.: Über Riesenepithel- und -drüsenzellen in der Epidermis des Laubfrosches. Ebenda 51, 535. 1918/19. — **Schuberg, A.**: Untersuchungen über Zellverbindungen. Zeitschr. f. wiss. Zool. 74. 1903. — Ders.: Über Zellverbindungen. Verhandl. d. anat. Ges. Würzburg 1907. 56—59. — Ders.: Über den Bau und die Funktion der Haftapparate des Laubfrosches. Arb. a. d. zool.-zoot. Inst. Würzburg 10. 1895. — Ders.: Über Zusammenhang von Epithel- und Bindegewebszellen. Sitzungsber. d. physik.-med. Ges., Würzburg Jg. 1891. — **Schulze**: Epithel- und Drüsenzellen. Arch. f. mikroskop. Anat. 3. 1867. — **Seek**: Über die Hautdrüsen einiger Amphibien. Inaug.-Diss. Dorpat 1891. — **Stieda, L.**: Über den Bau der Haut des Frosches. Arch. f. Anat., Physiol. u. wiss. Med. Jg. 1865. — **Stirling, W.**: On the extent to which absorption can take place through the skin of the frog. Journ. of anat. a. physiol. 11. 1877. — **Studnicka**: Vergleichende Untersuchungen über die Epidermis der Vertebraten. Anat. Hefte, Abt. 1, 39. 1909. — Ders.: Über einige Modifikationen des Epithelgewebes. Sitzungsber. d. kgl. Ges. d. Wiss. zu Prag 1899. — Ders.: Ein weiterer Beitrag zur Kenntnis der Zellverbindungen (Cytodesmen) und der netzartigen (gerüstartigen) Grundsubstanzen. Anat. Anz. 48. 1905. — **Weiss, Otto**: Zur Histologie der Anurenhaut. Arch. f. mikroskop. Anat. 87, 1. Abt., 265—286. 1916. — Ders.: Über die Entwicklung der Giftdrüsen in der Anurenhaut. Anat. Anz. 33, 124—125. — **v. Wolkenstein**: Zur Frage über die Resorption durch die Haut. Zentralbl. f. d. med. Wiss. Jg. 13. 1875. — **Zarnik, B.**: Jenaische Zeitschr. f. Naturwiss. 46. 1910.

Neuerscheinungen
des Verlages Julius Springer in Berlin W 9

Handbuch der vergleichenden Anatomie der Haustiere. Von Geh. Rat Professor Dr. **W. Ellenberger** und Geh. Med.-Rat Professor Dr. **H. Baum.** Sechzehnte Auflage. 1098 Seiten mit 1373 Textabbildungen. 1926. Gebunden RM 87.—

Die operative Technik des Tierexperimentes. Von H. F. O. **Haberland,** Dr. med. a. o. Professor für Chirurgie an der Universität Köln. 346 Seiten mit 300 Abbildungen. 1926. RM 28.50 gebunden RM 30.—

Logik der Morphologie im Rahmen einer Logik der gesamten Biologie. Von Dr. **Adolf Meyer,** Privatdozent an der Universität Hamburg, Bibliothekar an der Hamburgischen Staats- und Universitätsbibliothek. 298 Seiten mit 3 Abbildungen. 1926. RM 18.—

Die Chemie des Lignins. Von Dr. **Walter Fuchs,** Privatdozent an der Deutschen Technischen Hochschule in Brünn. 338 Seiten. 1926. RM 18.—; gebunden RM 19.50

Grundzüge einer Physiologie und Klinik der psychophysischen Persönlichkeit. Ein Beitrag zur funktionellen Diagnostik. Von Dr. med. **Walther Jaensch,** Assistent an der Medizinischen Universitätsklinik in Frankfurt a. M. 493 Seiten mit 27 Abbildungen. 1926. RM 33.—

Grundriß der allgemeinen Physiologie. Von **William Maddock Bayliss†.** Ehemals Professor für allgemeine Physiologie an der Universität London. Nach der dritten englischen Auflage ins Deutsche übertragen von L. Maass und E. J. Lesser. 968 Seiten mit 205 Abbildungen. 1926. RM 39.—; gebunden RM 40.50

Biochemische Hochspannungsversuche. Von **Rudolf Keller.** 39 Seiten. 1926. RM 2.70
Sonderdruck aus der „Biochemischen Zeitschrift" Bd. 168 und 172.

Verlag von Julius Springer in Berlin W 9

Handbuch der speziellen pathologischen Anatomie und Histologie

Herausgegeben von
Prof. F. Henke-Breslau und Geh. Med.-Rat Prof. Dr. O. Lubarsch-Berlin

Bisher erschienene Bände:

Erster Band:

Blut, Knochenmark, Lymphknoten, Milz

Bearbeitet von M. Askanazy, E. Fraenkel †, K. Helly, P. Huebschmann, O. Lubarsch, C. Seyfarth, C. Sternberg. — Erster Teil: Blut, Lymphknoten. 382 Seiten mit 133 zum Teil farbigen Textabbild. 1926
Rm. 63.—, gebunden Rm. 66.—

Zweiter Band:

Herz und Gefäße

Bearbeitet von C. Benda, L. Jores, J. G. Mönckeberg, H. Ribbert †, K. Winkler. — 1171 Seiten mit 292 zum Teil farbigen Abbildungen. 1924
Rm. 90.—, gebunden Rm. 92.40

Vierter Band:

Verdauungsschlauch

Bearbeitet von H. Borchardt, R. Borrmann, E. Christeller, A. Dietrich, W. Fischer, E. v. Gierke, G. Hauser, C. Kaiserling, M. Koch, W. Koch, G. E. Konjetzny, O. Lubarsch, E. Mayer, H. Merkel, S. Oberndorfer, E. Petri, L. Pick, O. Römer, H. Siegmund, O. Stoerk. — Erster Teil: Rachen und Tonsillen. Speiseröhre. Magen und Darm. Bauchfell. 1141 Seiten mit 377 zum Teil farbigen Abbildungen. 1926
Rm. 156.—, gebunden Rm. 159.—

Sechster Band:

Harnorgane. Männliche Geschlechtsorgane

Bearbeitet von Th. Fahr, Georg B. Gruber, Max Koch, O. Lubarsch, O. Stoerk. — Erster Teil: Niere. 800 S. mit 354 z. T. farbigen Abb. 1925
Rm. 84.—, gebunden Rm. 86.40

Achter Band:

Drüsen mit innerer Sekretion

Bearbeitet von W. Berblinger, A. Dietrich, G. Herxheimer, E. J. Kraus, A. Schmincke, H. Siegmund, C. Wegelin. — 1160 Seiten mit 358 zum Teil farbigen Abbildungen. 1926
Rm. 165.—, gebunden Rm. 168.—

Zwölfter Band:

Gehörorgan

Bearbeitet von A. Eckert-Möbius, M. Koch, W. Lange, H. Marx, H. G. Runge, O. Steurer, K. Wittmaack. Fachherausgeber: K. Wittmaack, Direktor der Ohrenärztlichen und Poliklinik Jena. 814 S. mit 640 Abbild. 1926
Rm. 84.—, gebunden Rm. 87.—

Jeder Band des Handbuches ist einzeln käuflich, jedoch verpflichtet die Abnahme eines Teiles eines Bandes zum Ankauf des ganzen Bandes

MIX
Papier aus verantwortungsvollen Quellen
Paper from responsible sources
FSC® C105338

If you have any concerns about our products,
you can contact us on
ProductSafety@springernature.com

In case Publisher is established outside the EU,
the EU authorized representative is:
Springer Nature Customer Service Center GmbH
Europaplatz 3, 69115 Heidelberg, Germany

Printed by Libri Plureos GmbH
in Hamburg, Germany